2025年春受験用

国立高等専門学校

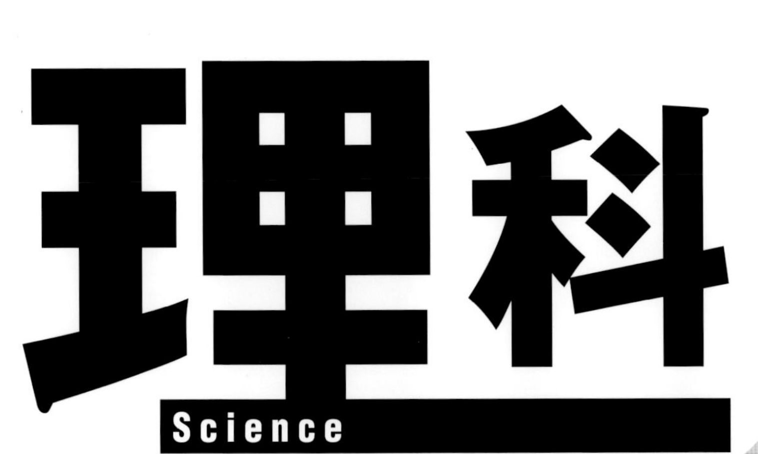

2019年～2010年

の入試問題を収録

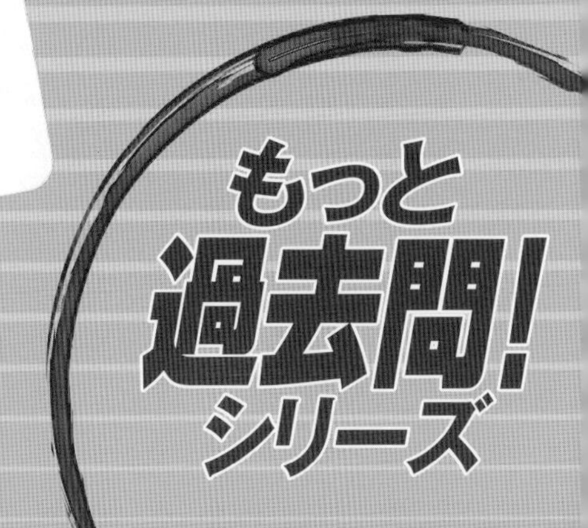

ウェブ付録について

教英出版ウェブサイトで，2019年～2015年の5年分の出題傾向がわかる国立高専「入学試験データ解析」を見ることができます。過去の出題内容を知り，受験対策としてお役立てください。

教英出版ウェブサイトの「ご購入者様のページ」で「書籍ID番号」を入力してご利用ください。ウェブ付録は無料で見ることができます。

書籍ＩＤ番号　188098 

2025年9月末まで有効

教英出版ウェブサイトの「ご購入者様のページ」はこちら 

(https://kyoei-syuppan.net/user/)

国立高専
過去10年分　入試問題集

理　科

（問題は各年度、50分で行ってください。）

目　次

（キリトリ線に沿って、切り取ってお使い下さい。）

1　地球，月，太陽に関する，問１から問３に答えよ。

問１　図１は月面上のある位置Ａから撮った写真を模式的に表したものである。ただし，上半分が光っている天体は地球で，その左端が北極であった。地球の周りは暗く，月面は明るい。暗い空間と月面の境は，遠くに見える月の地平線を表している。

図１

１　この写真の撮影者が位置Ａで，地球を正面にして立っていたとすると，撮影者に対して太陽はどこにあることになるか。次のアからカの中から最も適当なものを一つ選べ。

ア　太陽は撮影者の正面にあり，月の地平線の下に隠れている。
イ　太陽は撮影者の正面にあり，地球の裏側に隠れている。
ウ　太陽は撮影者の頭の真上近くにある。
エ　太陽は撮影者の背中の方にあり，月の地平線の上に出ている。
オ　太陽は撮影者の背中の方にあり，月の地平線の下に隠れている。
カ　太陽は撮影者の足下の方にあり，位置Ａから見て月の裏側に隠れている。

２　図１でこの写真を撮影した時，地球の北極から月が見えたとすると，どのような形に見えるか。次のアからエの中から最も適当なものを一つ選べ。

ア　ほぼ新月　　イ　ほぼ上弦の月　　ウ　ほぼ満月　　エ　ほぼ下弦の月

問２　仮に，地球の直径が２倍になったとすると，どのような現象に影響が出ると予想できるか，次のアからオの中から最も適当なものを一つ選べ。
（ここではあくまでも「直径」だけが２倍になり，「質量」や「回転運動の様子」など，他の要素は全く変わらなかったとする。）

ア　地球からは皆既日食が観察できなくなる。
イ　地球からは皆既月食が観察できなくなる。
ウ　地球から観測できる皆既月食の継続時間が変化する。
エ　月の満ち欠けに変化が起き，半月が地球から観察できなくなる。
オ　月の満ち欠けに変化が起き，三日月の形が変化する。

問３　月は空の高いところに見えるときよりも，地平線近くに見えるときの方が，なぜか大きく見えるような気がした。このことについてインターネットを使って調べ学習をして，次のような書き込み記事を見つけた。インターネットの記事には不正確な内容も含まれていることがあるので，気をつけて使わなくてはならない。下の１，２に答えよ。

（インターネットで見つけた書き込み記事）

> 「月は，高度（その天体の地平線からの角度）の違いにより，私には２倍も３倍も大きさが変化して見える気がした。月は一つしかないので，異なる高度で同時に観測して直接比べることはできない。しかし，(A)<u>月と太陽は，部分月食が起こったときに確認できるが，見かけの大きさがほとんど同じである。</u> (B)<u>ある夕方太陽が沈む頃に，空高く頭の上近くに満月が見えた。</u> 良いチャンスと思い，月と太陽の見かけの大きさを，手をいっぱいに伸ばし五円玉の穴の大きさと比べてみた。結果は，両方とも見かけの大きさはほぼ同じで，五円玉の穴の中にほぼ収まった（図２）。よって地平線近くに見える月が大きく見えるのは，ただの錯覚である。」（太陽を見るときには遮光板も用いた）

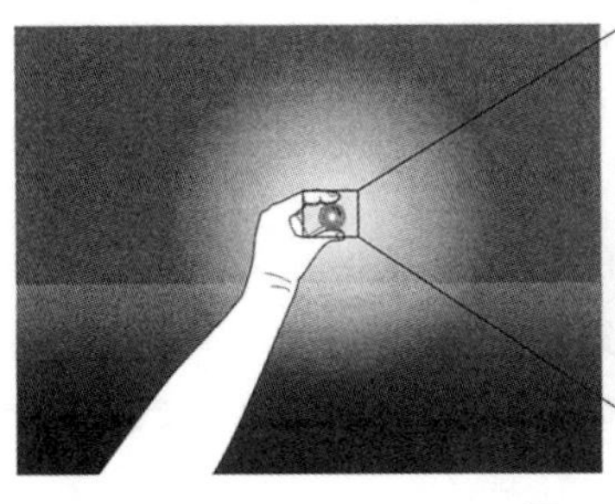

図２

１　下線部（A）の記述について，次のアからウの中から最も適当なものを一つ選べ。

ア　この記述は正しい事実を述べている。
イ　下線部（A）の「部分月食」が，「皆既日食と金環日食」ならば，正しい。
ウ　下線部（A）の「部分月食」が，「皆既月食」ならば，正しい。

２　下線部（B）の記述について，次のアからエの中から最も適当なものを一つ選べ。

ア　このような観測を，実際に行うことは可能である。
イ　下線部（B）の「満月」が「上弦の月」であれば，そのような観測は可能である。
ウ　下線部（B）の「満月」が「下弦の月」であれば，そのような観測は可能である。
エ　下線部（B）の「満月」が「三日月」であれば，そのような観測は可能である。

2019（平成31）年度

2 地球の環境に関わる以下の文章を読んで，問１から問３に答えよ。

> 地球には磁場（磁界）があり，地球が大きな磁石であると考えることができる。地球が生まれてから46億年の間に (A)地球の磁場のＮ極とＳ極が入れ替わる現象が何度も起きていたことが知られており「地磁気の逆転」と呼ばれている。その証拠は地層中に残された磁力をもつ鉱物の「地層での磁力の向き」を調べることで確認することができる。最近になって日本の研究グループが千葉県にある昔の (B)海で堆積した地層を研究した結果，一番新しいＮ極とＳ極の入れ替わりが約77万年前であったことを示す証拠を見つけた。この「約77万年前」という年代は，(C)地層中の火山灰に含まれる鉱物の詳細な化学分析をおこなって明らかにしたもので，さらに (D)堆積物の中に保存されていた化石を分析することによって当時の (E)気候の変化もわかってきている。過去の地球環境の変化を明らかにすることによって，今後の地球環境の変化を予測することにもつながるため，さらなる研究の進展が期待されている。

問１　次の１から４の文章で説明している鉱物や岩石を，それぞれ下のアからクの中から一つずつ選べ。

１　火山灰などに含まれ，無色もしくは白色の鉱物
２　磁力を持ち磁石に引きつけられる性質を持つ鉱物
３　生物の死がいが海底に堆積してその後固まったもので，クギで傷をつけることができないほどかたい堆積岩
４　生物の死がいが海底に堆積してその後固まったもので，塩酸をかけると地球温暖化に影響を与えると考えられている気体を発生させる堆積岩

ア	チャート	イ	輝石（きせき）	ウ	黒雲母（くろうんも）	エ	角閃石（かくせんせき）
オ	長石（ちょうせき）	カ	カンラン石	キ	磁鉄鉱（じてっこう）	ク	石灰岩（せっかいがん）

問２　以下の１から６の文を読み，正しく説明している場合には○を，誤りがある場合には×を選べ。

１　下線部（Ａ）に関して，現在の日本では方位磁針のＮ極は北をさす。よって，地球は南極の方がＮ極であり，磁力線は南極付近から出て北極付近に向かっていることがわかる。

２　陸地の侵食によってけずりとられた土砂は粒の大きさの順に，れき，砂，泥に区別される。その後，川から海に流されて堆積し，下線部（Ｂ）のような地層になる。れきは丸みを帯びたものが多く，河口や海岸から遠いところで堆積しやすい。

３　下線部（Ｃ）の鉱物を調べたところ，黒っぽい有色鉱物が多く含まれていた。このことから，この火山灰は激しく爆発的な噴火によってふき出したもので，この噴火によって噴出したマグマの粘りけが強かったことが予想できる。

４　下線部（Ｄ）のうち，当時の環境を推測する手がかりとなる化石のことを示準化石という。例えば，サンゴの化石があれば暖かく浅い海だったことがわかる。

５　下線部（Ｅ）には海流の変化や風の流れが影響をあたえる。現在の日本列島の上空では偏西風という強い風が常に西に向かって流れており台風の進路にも影響をおよぼしている。

６　プレパラートを作らずに鉱物や小さな化石を拡大して観察したいと考え，双眼実体顕微鏡を使ったところ，上から光を当てているため見た目の色をはっきりと観察することができ，立体的な形の特徴もくわしく観察することができた。

問３　海岸近くの地域において，夏の晴れた日中に太陽の光で地表があたためられ，陸と海との間に温度差ができた。この時にどのような風が吹くか，次のアからカの中から最も適当なものを一つ選べ。

ア　海上よりも陸上の気圧が高くなり，海から陸に風が吹く
イ　海上よりも陸上の気圧が高くなり，陸から海に風が吹く
ウ　海上よりも陸上の気圧が高くなり，海岸線と平行に風が吹く
エ　海上よりも陸上の気圧が低くなり，海から陸に風が吹く
オ　海上よりも陸上の気圧が低くなり，陸から海に風が吹く
カ　海上よりも陸上の気圧が低くなり，海岸線と平行に風が吹く

3　畑で育てているエンドウとトウモロコシの観察を行った。問1から問3に答えよ。

観察結果［エンドウ］

エンドウはつるにいくつもの花（図1）を咲かせていた。エンドウの花を調べると，おしべやめしべは花弁にしっかりとつつまれていた。

つるにはさや（図2）ができていて，中の豆は熟していた。さやを調べると，さやの根もとにはしおれた花弁と細い糸状のもの（A）が数本くっついていた。また，さやの先端にはひも状のものが残っていた。

図1

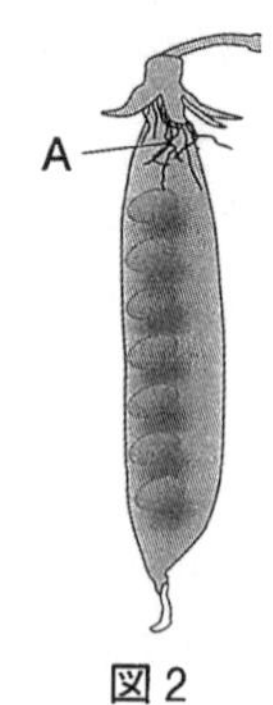

図2

観察結果［トウモロコシ］

トウモロコシは，雄花と雌花に分かれていて（図3），それぞれ花弁がなかった。十分成長したトウモロコシの実には，たくさんのひげのようなもの（B）がついていて，ひげのようなものをたどると，トウモロコシの実の一粒一粒に1本ずつつながっていた（図4）。

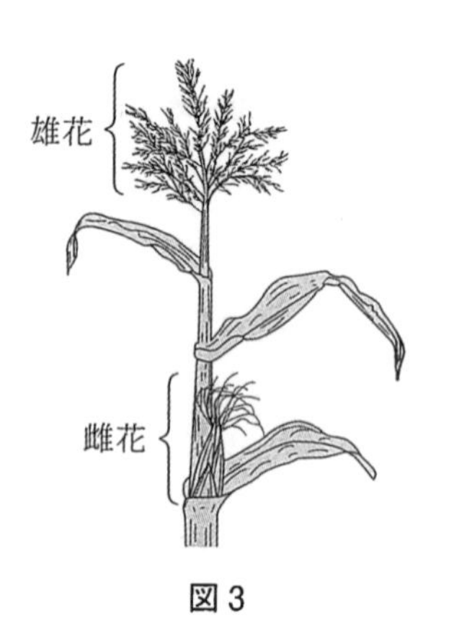

図3

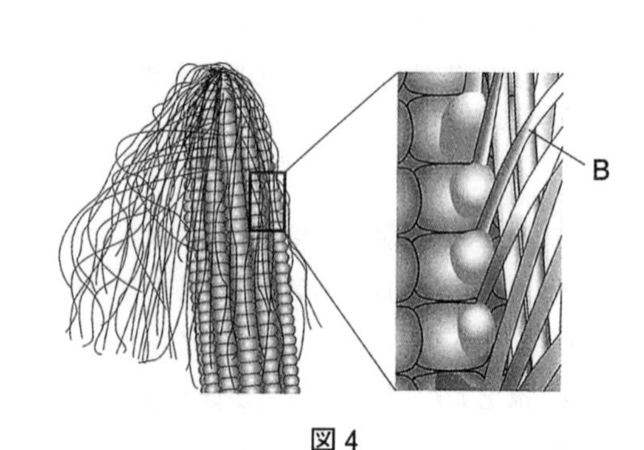

図4

2019(平成31)年度

問1　次の文章はエンドウの観察結果について述べたものである。空欄にあてはまる言葉の組み合わせとして最も適当なものを，下のアからケの中から一つ選べ。

「エンドウのさやは，受粉後に（　X　）が変化した（　Y　）で，鳥などに食べられなければ，さやの数と（　Z　）の数は等しい。」

	X	Y	Z
ア	胚珠	種子	めしべ
イ	胚珠	種子	花
ウ	胚珠	子房	やく
エ	種子	子房	胚珠
オ	種子	果実	花

	X	Y	Z
カ	種子	子房	やく
キ	子房	果実	めしべ
ク	子房	果実	胚珠
ケ	子房	種子	やく

問2　観察結果にある細い糸状のもの(A)とひげのようなもの(B)の説明として，最も適当なものを，それぞれ次のアからオの中から一つずつ選べ。

ア　花粉がつきやすいように，先端がしめっていたり，ブラシのように分かれている。

イ　花がつぼみのときに，花の内部を保護している。

ウ　花が咲いているときには，先端に花粉の入った袋がついている。

エ　根で吸い上げた水を各細胞に届けている。

オ　受粉したときに花粉から伸び，精細胞を卵細胞に届けている。

問3　エンドウもトウモロコシも種子植物のなかまである。種子植物のなかまには，被子植物と裸子植物(a)があり，被子植物はさらに双子葉類(b)と単子葉類(c)に分類することができる。

1　エンドウやトウモロコシが(a)(b)(c)のどれにあてはまるのかを調べるには，どのような特徴がわかればよいか。次のアからカの中から，正しいものを三つ選べ。

ア　果実ができるか。

イ　根，茎，葉の区別があるか。

ウ　花粉が主に虫によって運ばれるか，風によって運ばれるか。

エ　花弁の根もとがくっついているか。

オ　葉脈がどのように枝分かれしているか。

カ　茎を輪切りにしたときに，維管束がどのように分布しているか。

2　エンドウとトウモロコシを(a)(b)(c)のいずれかに分類したとき，エンドウ，トウモロコシと同じなかまを，次のアからカの中からそれぞれ一つずつ選べ。

ア　マツ　　イ　イヌワラビ　　ウ　アサガオ

エ　ゼニゴケ　　オ　ツユクサ　　カ　シイタケ

4 アメリカのイエローストーン国立公園では，オオカミ狩りに制限がなかったため，1926年までに公園内でオオカミが絶滅してしまった。イエローストーン国立公園の管理者は，1995年にオオカミを別の地域から連れてきて繁殖させた。このことを「オオカミの再導入」という。オオカミの絶滅と再導入は，公園内の生物の構成に非常に大きな影響を与えた。以下に公園内の代表的な生物の特性について示す。

オオカミ：シカをはじめとする様々な大型哺乳類(ほにゅうるい)を餌にしている。

シカ　　：大型哺乳類で大きな平たい角を持つ。公園内全域に生息する。草食性で，草，木の葉，小枝や木の皮を食べる。ポプラやヤナギなど木々の若芽を好む。

ビーバー：小型の哺乳類で公園内の河川や湿地に生息する。草食性で岸辺のヤナギなどを食べる。

ポプラ　：公園内全域に生えている。成木（十分に成長した木）の高さは10 mを超える。

ヤナギ　：公園内の川辺に生えている。成木の高さは平均3 m程度である。

問1　右図は食物連鎖の数量的なピラミッドを示したものである。(1)オオカミ，(2)シカ，(3)ポプラは右図のアからウのいずれかにあてはまる。それぞれの生物に相当する最も適当なものをアからウより選べ。

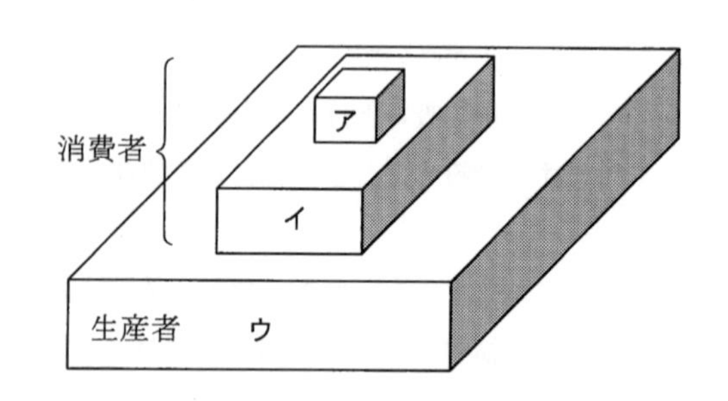

問2　国立公園におけるオオカミ絶滅後からオオカミの再導入前までに起こった生物数の変化の傾向は，次のaからfのどれか。組み合わせとして正しいものをアからクの中から選べ。

a　シカの数が増加した。
b　シカの数が減少した。
c　ポプラおよびヤナギの数が増加した。
d　ポプラおよびヤナギの数が減少した。
e　ビーバーの数が増加した。
f　ビーバーの数が減少した。

ア a, c, e	イ a, c, f	ウ a, d, e	エ a, d, f
オ b, c, e	カ b, c, f	キ b, d, e	ク b, d, f

問３　下のアからエのグラフは，オオカミの再導入後の(1)「オオカミの数」，(2)「シカの数」，(3)「ヤナギの成木数」，(4)「ビーバーの数」の増減を事実に基づいて模式的に表したものである。それぞれの生物にあてはまる最も適当なグラフを選べ。ただし，解答の選択肢は重複しない。

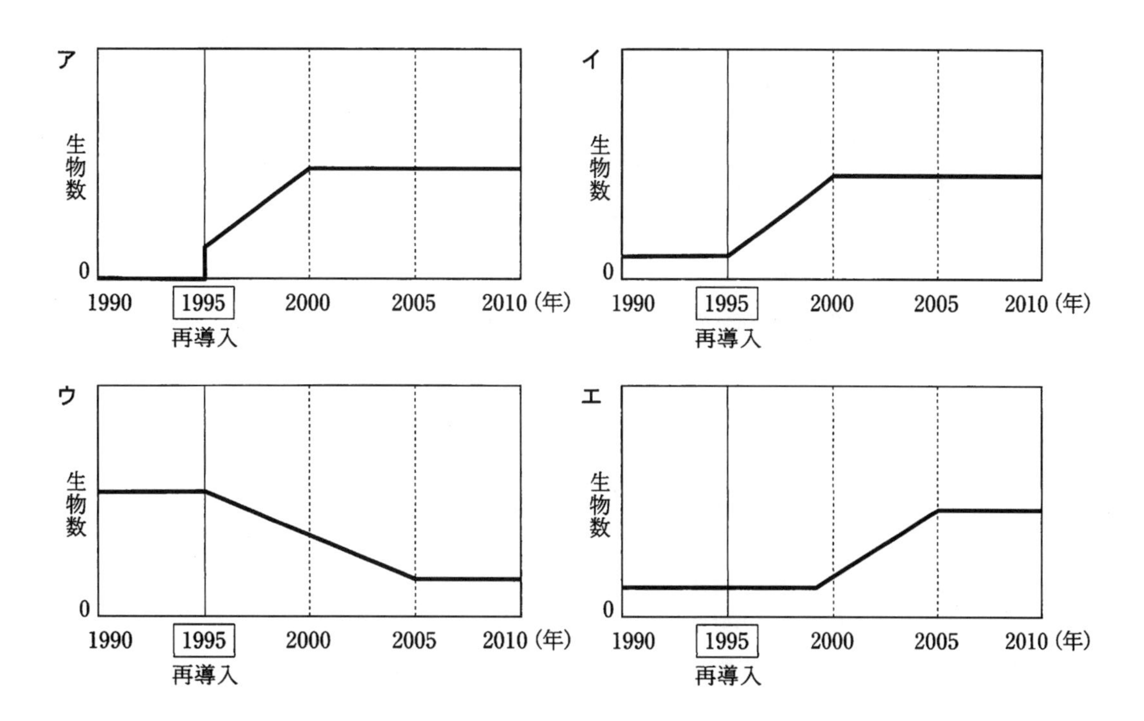

問４　以下の記述で，下線部に誤りのあるものをアからエの中から選べ。

ア　オオカミの再導入より前に，シカの個体数を人工的に減らしていたが，1968年にこれを中止したところ，シカの個体数が急速に増加した。その結果，ポプラの若い木の数が減少した。

イ　オオカミの再導入より前に一部の地域に「シカ除（よ）け」の囲いを設置したところ，シカ除けの内側でのみポプラの若い木が成長できた。

ウ　オオカミの再導入後，ポプラなどの木々の生えている密度が減少した。

エ　ある地域でオオカミの再導入後，ポプラの若い木の数が増加した。

5 ゆうたさんが5%塩酸10 cm^3と炭酸水素ナトリウム1.0 gを混合したところ，気体が発生した。図1のように反応前後の装置全体の質量を測定したところ，表1のような結果になった。下の問1，問2に答えよ。

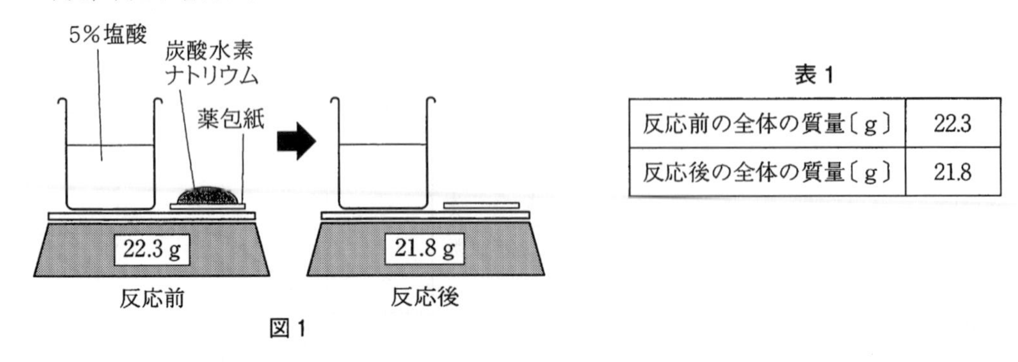

図1

表1

反応前の全体の質量〔g〕	22.3
反応後の全体の質量〔g〕	21.8

問1　この実験で発生した気体の化学式はどれか。アからカの中から一つ選べ。

ア　O_2　　イ　N_2　　ウ　CO　　エ　CO_2　　オ　H_2　　カ　NH_3

問2　空気中に出ていった気体の質量は何gか。［ア］.［イ］g

ゆうたさんは密閉容器内で同様の実験を行ったときの反応前後の質量に興味を持った。そこで，5%塩酸10 cm^3と炭酸水素ナトリウム1.0 gを密閉したプラスチック容器内で反応させた。図2のように，反応前の装置全体の質量はa，反応後の装置全体の質量はb，ふたを開放した後の装置全体の質量はcであった。プラスチックボトルの形状は反応前後で変わらないものとして，次の問3に答えよ。

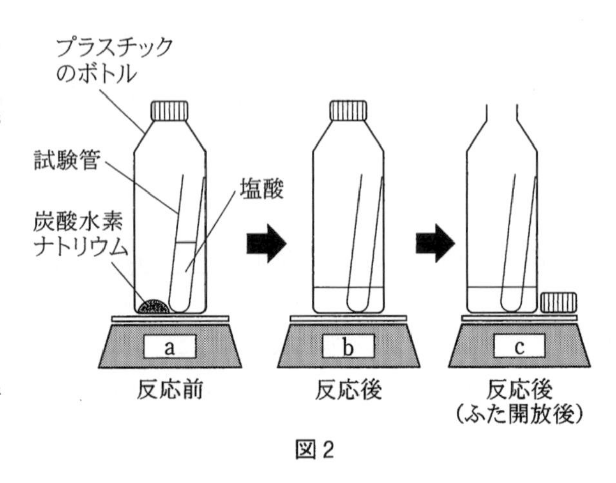

図2

問3　次の式はa，b，cの大小関係を表したものである。①，②にあてはまる記号として適当なものを下のアからウの中からそれぞれ一つずつ選べ。同じ記号を二回使用してもよい。

a ［①］ b ［②］ c

ア　>　　イ　=　　ウ　<

さらにゆうたさんは密閉容器内でスチールウールの燃焼を行った場合，反応前と反応後で質量がどのような値になるかに興味を持った。そこで，酸素で満たした丸底フラスコ内にスチールウールを入れ，電流を通すことによってスチールウールを燃焼させた。図3のように，反応前の装置全体の質量はd，反応後の装置全体の質量はe，ピンチコックを開放したあとの装置全体の質量はfであった。次の問4，問5に答えよ。

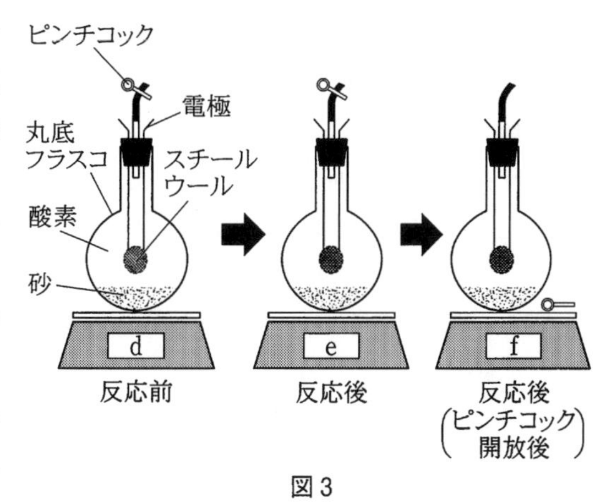

図3

問4　次の式はd，e，fの大小関係を表したものである。①，②にあてはまる記号として適当なものをアからウの中からそれぞれ一つずつ選べ。同じ記号を二回使用してもよい。

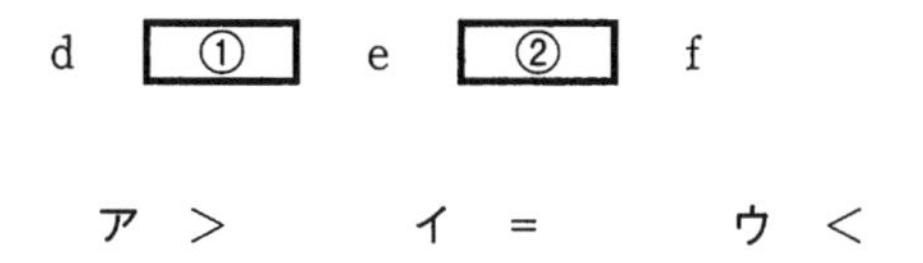

ア ＞　　イ ＝　　ウ ＜

問5　スチールウールの質量と反応後に生成した固体の質量とを比較したとき，その大小関係を表したものとして適切なもの，そのような大小関係を示した理由として適切なものをそれぞれの選択肢の中から一つ選べ。スチールウールはすべて電極にはさまれたまま反応し，周囲に飛散していないものとする。

【大小関係】

ア　スチールウール　＞　反応後の固体

イ　スチールウール　＝　反応後の固体

ウ　スチールウール　＜　反応後の固体

【理　由】

ア　スチールウールをつくっている物質が他の物質と化合したから

イ　スチールウールをつくっている物質が分解したから

ウ　原子の種類と数が変化していないから

エ　スチールウールに電流が流れ，熱が発生したから

6 次の**実験1**と**実験2**を行った。下の問1から問4に答えよ。

実験1

マグネシウムの粉末をステンレス皿にとり，加熱した。マグネシウムは激しく反応してすべて酸化され，酸化マグネシウムが生じた。

問1　**実験1**で起こった反応の化学反応式として，最も適当なものを次の**ア**から**カ**の中から一つ選べ。

ア　$Mg + O \longrightarrow MgO$
イ　$Mg + O_2 \longrightarrow MgO$
ウ　$2Mg + O \longrightarrow 2MgO$
エ　$2Mg + O_2 \longrightarrow 2MgO$
オ　$2Mg + O_2 \longrightarrow MgO$
カ　$Mg + O_2 \longrightarrow 2MgO$

実験2

図のように亜鉛板と銅板をうすい塩酸に入れて電池をつくりモーターにつなぐと，モーターが回転した。次に，この電池の亜鉛板をマグネシウム板に変更した電池にすると，モーターが前と同じ向きに前よりも速く回転した。どちらの電池の場合も銅板では同じ気体が発生していた。

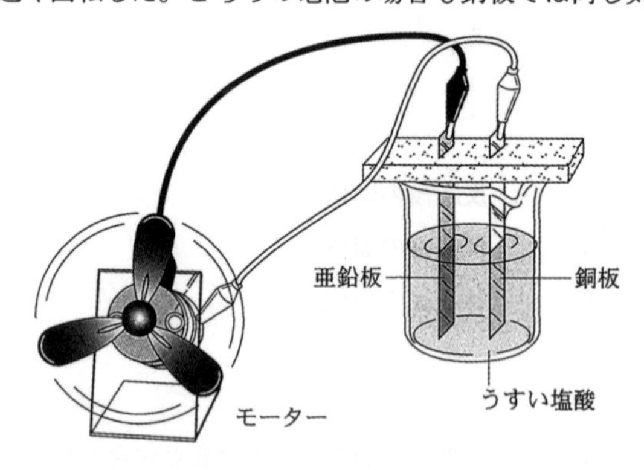

問2　**実験2**で，銅板で発生した気体の化学式は何か。次の**ア**から**カ**の中から最も適当なものを一つ選べ。

ア　H　**イ**　H_2　**ウ**　Cl　**エ**　Cl_2　**オ**　O　**カ**　O_2

問3　**実験2**でマグネシウム板を用いた電池を使いモーターが回転していたときに，マグネシウム板の一部がとけてぼろぼろになるようすが観察された。次の文は，マグネシウム板の表面で起こっている変化について説明したものである。①から③にあてはまる言葉の組み合わせとして最も適当なものを**ア**から**エ**の中から一つ選べ。

マグネシウム（　①　）が電子を（　②　），マグネシウム（　③　）に変化した。

ア　①原子　②受けとって　③　イオン
イ　①原子　②失って　③　イオン
ウ　①イオン　②受けとって　③　原子
エ　①イオン　②失って　③　原子

問4　**実験2**でうすい塩酸のかわりに，身の回りの液体を使用して電池をつくることにした。そこで，以下の**ア**から**オ**の液体を用意した。電池をつくることができる液体として適当なものを二つ選べ。

ア　蒸留水　**イ**　エタノール　**ウ**　食塩水　**エ**　砂糖水　**オ**　レモン汁

7 右図のように，同じ重さの木片とおもりを，軽くのびない糸でつなぎ，なめらかな滑車を使っておもりをつり下げた。木片は水平面上に置かれており，空気の影響は考えなくてよい。また，おもりが床に着くまでの間に木片が滑車にぶつかることはない。後の問1から問5に答えよ。

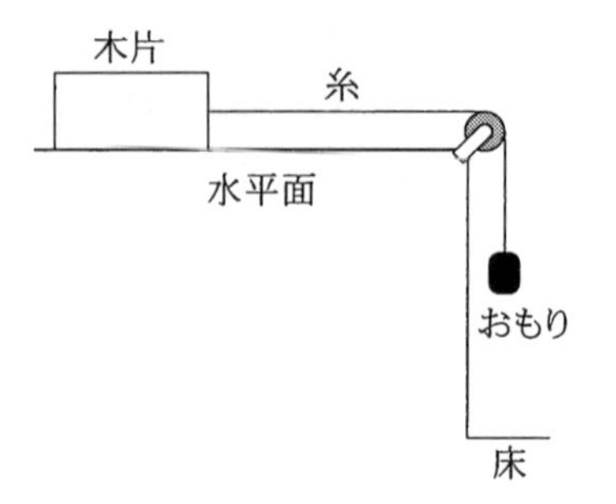

問1，問2では，水平面に摩擦があるものとする。
はじめに木片を手でポンと軽く押すように動かすと，木片は水平面上を運動した。

問1　おもりが床に着くまでの間で，次の文章が正しければ○を，間違っていれば×を選べ。
ア　木片が糸を引く力と，糸が木片を引く力は，大きさが同じで互いに逆向きであり，同一直線上にあるので，つりあいの関係である。
イ　木片がだんだん遅くなっているとすると，木片の進行方向の力は摩擦力によってだんだん減らされていき，右向きの力がなくなるとやがて止まる。
ウ　木片が一定の速さで進んでいるとすると，摩擦力の大きさは，糸が木片を引く力の大きさと等しい。

問2　木片にはたらく摩擦力の大きさがずっと0.20Nだったとき，木片が50cm移動する時の摩擦力のする仕事はいくらか。単位も含めて，次のアからカの中から一つ選べ。
ア　0.10W　　イ　1.0W　　ウ　10W　　エ　0.10J　　オ　1.0J　　カ　10J

問3から問5では，水平面に摩擦がないものとする。
木片を押さないようにそっと放したら，木片はだんだん速くなりながら水平面上を移動した。
問3から問5のグラフは，縦軸がエネルギーで，横軸が移動距離を表している。

問3　右のグラフは，おもりの位置エネルギーの変化を表している。
このグラフが右下がりになっている理由として最も適切なものを次のアからオの中から一つ選べ。
ア　おもりが床に着いたから
イ　おもりの重さが運動中でも変わらないから
ウ　おもりが床に近づくから
エ　空気抵抗によってエネルギーが失われるから
オ　摩擦によってエネルギーが失われるから

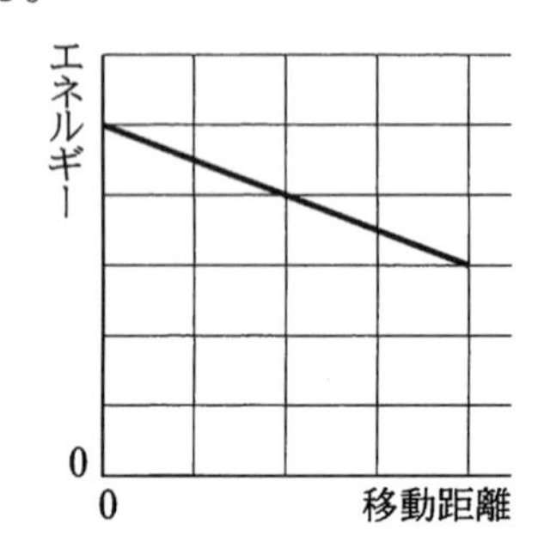

問４　**木片の位置エネルギーの変化を実線で表したグラフはどれか。**次の**ア**から**オ**の中から一つ選べ。破線は，問３で示したおもりの位置エネルギーの変化を表しており，高さの基準は木片もおもりも床を基準としている。

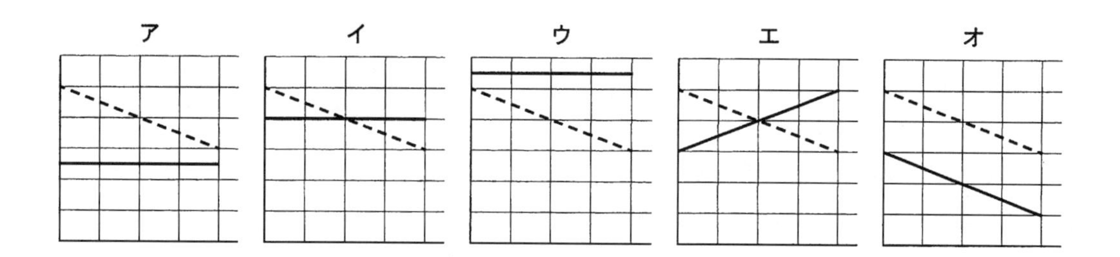

問５　一般に，位置エネルギーと運動エネルギーの和を力学的エネルギーと呼ぶ。木片の力学的エネルギーはだんだん大きくなるが，その増えたエネルギーはおもりが持っていたエネルギーが移ったものであり，ここではおもりと木片の力学的エネルギーの和は保存される。**木片の運動エネルギーの変化を実線で表したグラフはどれか。**次の**ア**から**オ**の中から一つ選べ。破線は，問３で示したおもりの位置エネルギーの変化を表しており，高さの基準は木片もおもりも床を基準としている。

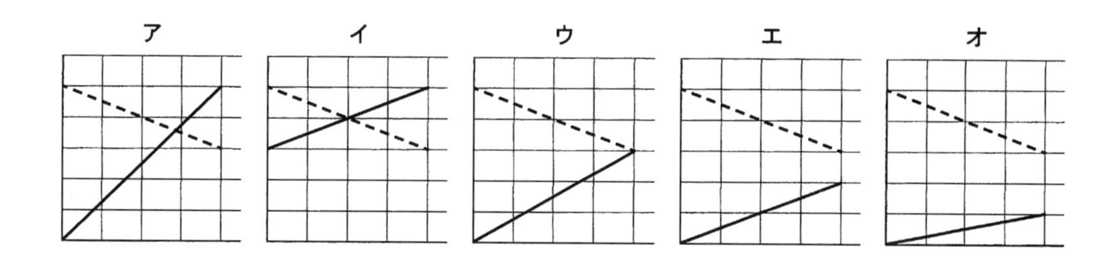

8 図1のような2つの直方体A, Bがある。Aは底面が2.0 cm × 2.0 cmで高さが10.0 cm, Bは底面が3.0 cm × 4.0 cmで高さが10.0 cmである。2つの直方体は異なる物質でつくられている。図2のように, 十分な深さの水槽に水を入れ, 水槽の中に水面に対して垂直にものさしを設置し, 直方体をばねばかりにつり下げ, 直方体の底面を常に水平に保ったまま水に静かに沈めていく実験を行った。

図3は, A, Bそれぞれの結果をグラフにまとめたものである。横軸の x は水面から直方体の下端までの長さ, 縦軸の F はばねばかりが示した値である。

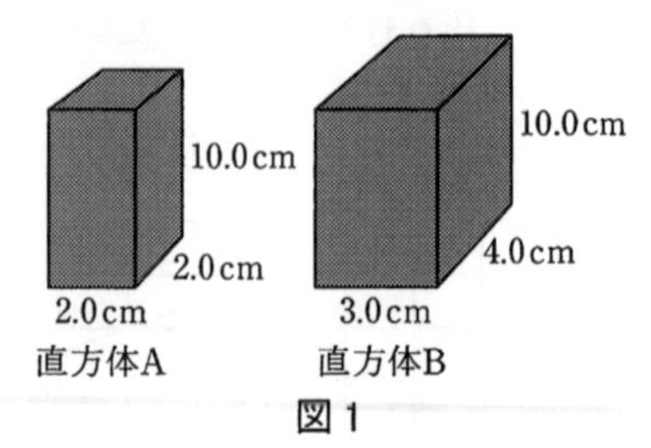

図1

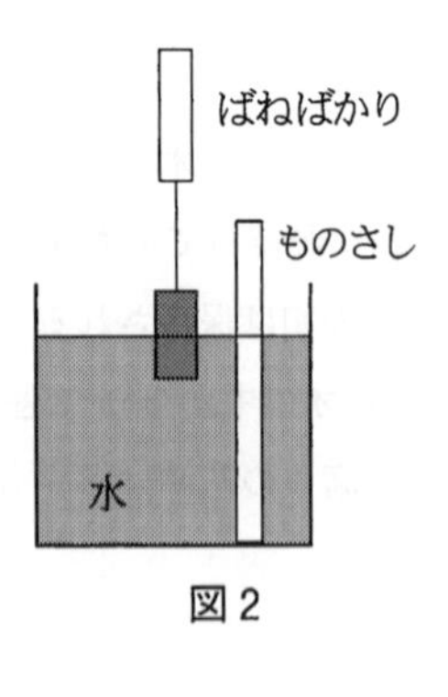

図2

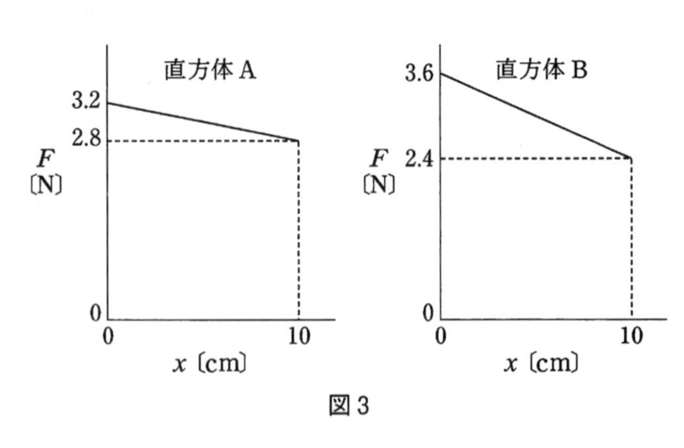

図3

問1 Aの x が10.0 cmのとき, Aにはたらく浮力は［ア］.［イ］Nである。

問2 Bで x が10.0 cmより大きくなったとき, グラフはどのようになるか。図4のアからオの中から最も適当なものを一つ選べ。

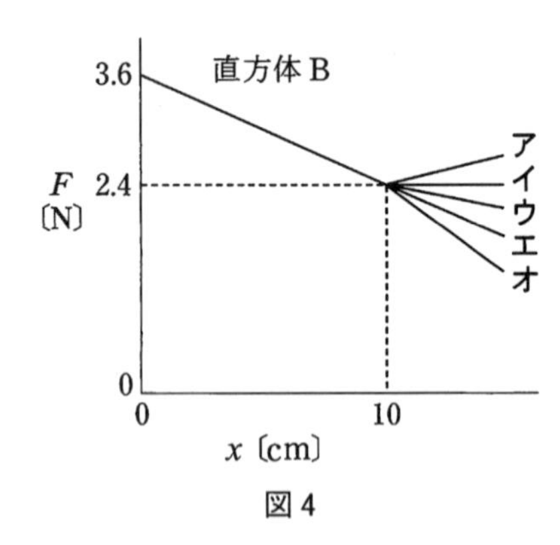

図4

次に図５のように，一様な棒の中心にばねばかりをつけ，棒のそれぞれの端に同じ長さの糸でＡとＢをつり下げ，２つとも水に入れたところ，ある程度水に沈めたとき，棒は水平になった。棒の質量は直方体に比べて十分小さく，無視できるものとする。

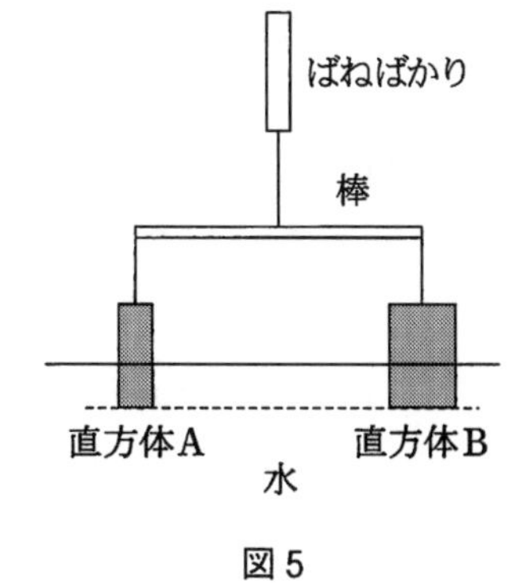

図５

問３　このとき x はどちらも［ア］.［イ］cm である。

問４　このときばねばかりが示す値は［ア］.［イ］N である。

1 次の問1から問5に答えよ。

問1　地震に関する1から4の文章を読んで，文章内の空欄（　　）の中に入る最も適当なものをアからオの中からそれぞれ一つずつ選べ。

1　マグニチュードは地震のエネルギーの大きさを示す。マグニチュード8はマグニチュード4に比べると，おおよそ（　　）倍のエネルギーになる。

ア　100　**イ**　1,000　**ウ**　10,000　**エ**　100,000　**オ**　1,000,000

2　震度は地震によるゆれの大きさを表し，震度0から震度7までの（　　）階級に分けられている。

ア　7　**イ**　8　**ウ**　9　**エ**　10　**オ**　11

3　日本付近では地震や火山が多いが，これは太平洋プレート，ユーラシアプレート，北アメリカプレート，（　　）プレートの4枚が集まっており，それぞれのプレートが互いに力をおよぼし合っているためである。

ア　日本海　**イ**　ナスカ　**ウ**　東シナ海
エ　フィリピン海　**オ**　東アジア

4　日本付近では，太平洋側のプレートが大陸側のプレートの下に深く沈み込んでいる。その結果として日本列島で起きる地震の（　　）は，地表付近から100 kmを超える場所まで，様々な深さに分布する。

ア　震源　**イ**　震央　**ウ**　振幅　**エ**　火山岩　**オ**　深成岩

問２　初期微動継続時間に関する次の記述の中で正しいものはどれか。次の**ア**から**オ**の中から最も適当なものを一つ選べ。

ア　初期微動継続時間は，その地震のマグニチュードが大きくなるほど長くなる。

イ　初期微動継続時間は，観測点が地震の震源から遠くなるほど長くなる。

ウ　初期微動継続時間は，季節や天候によって大きく変わる。

エ　初期微動継続時間は，その地震の震度が大きくなるほど長くなる。

オ　初期微動継続時間は，Ｐ波とＳ波が震源において発生する時刻の差を表している。

問３　震度に関する次の記述の中で正しいものはどれか。次の**ア**から**オ**の中から最も適当なものを一つ選べ。

ア　複数地点の震度の情報から，次に起こる地震の大きさと日時を予測することができる。

イ　震央での震度の値から，地震そのもののエネルギーを求めることができる。

ウ　初期微動継続時間と震度の階級は必ず反比例の関係になる。

エ　震央からの距離が同じ場所でも震度の階級が違う場合がある。

オ　震度の分布から，震源の場所を求めることができる。

問４　地震の発生によって，急激な土地の変化や様々な自然現象が起こることがある。そのような変化や事象に当てはまらないものを次の**ア**から**オ**の中から一つ選べ。

ア　液状化　　**イ**　隆起　　**ウ**　津波　　**エ**　断層　　**オ**　風化

問５　ハザードマップに関する次の記述の中で正しいものはどれか。次の**ア**から**オ**の中から最も適当なものを一つ選べ。

ア　ハザードマップは過去の災害のすべてを地図上にまとめたものである。

イ　ハザードマップは災害時の緊急連絡先と連絡方法だけをわかりやすく地図上にまとめたものである。

ウ　ハザードマップは自然災害が起こったときの被害を予想して，その被害の範囲や避難に役立つ情報などを地図上にまとめたものである。

エ　ハザードマップは自然災害の程度を予測して事前に防災を心がけるためだけの地図であり，災害が起こってからは活用できない。

オ　ハザードマップがあれば，将来の災害の大きさを正確に予測することが可能である。

2 二人の中学生が，とても広い理科室で放課後に実験をしていた。二人は理科の授業で勉強したばかりの「太陽の動きと季節の変化」について，手近なものを利用して再現しようとしていた。以下の二人の会話と解説の文章を読んで，あとの問1から問5に答えよ。

みどりさん「東京などで季節によって気温が大きく変化する仕組みについて，いちろうさんは“わかった？”」

いちろうさん「うん。教科書には，『地球は，公転面に垂直な方向に対して地軸を約23.4°傾けた状態で自転して，かつ太陽の周りを公転しているから』と書いてあったね。」

みどりさん「それは私も読んだわ。だけど，地軸が傾いていることと季節によって気温が変化することが，どうにも結びつかないのよ。ねぇ，地軸を傾けると気温がどう変化するのか，実験してみましょうよ。」

二人は理科室にあるものを使って，東京（北緯約35°）の夏と冬の気温がどのように変化するのか，実験をすることにした。

【実験イ】

120Wの白熱電球を太陽に，直径約63cmの球体二つを地球の夏と冬に見立てて，次のページの図1のように配置した。白熱電球の中心の位置をO，二つの球体の中心をそれぞれP，P′とし，距離がOP＝OP′となるように設定した。球体には中心を通るように針金を真っ直ぐに通して地軸の傾きを表せるようにし，実際の傾きと同じように球体の地軸を鉛直（理科室の床に対して垂直な方向）に対して約23.4°傾けた。夏と冬の東京の位置をそれぞれA,Bとし，球体表面上に示した。A,Bにはそれぞれ水銀温度計を鉛直に取り付けた。このとき，OからAまでの距離は40cm，OからBまでの距離は60cmであった。

白熱電球を点灯させてから5分後に温度を測った結果，表1のようになった。なお，点灯から5分後以降は，温度は変化しなかった。

実験中，理科室の窓や扉は閉め，空調も止めた状態で，室温は31.5℃から変化しなかった。白熱電球を点灯する前には，どちらの温度計も室温と同じ31.5℃を示していた。

表1　温度計が示した値

実験イのときのOA，OBの距離	Aの温度計	Bの温度計
OA＝40cm，OB＝60cm	40.0℃	36.2℃

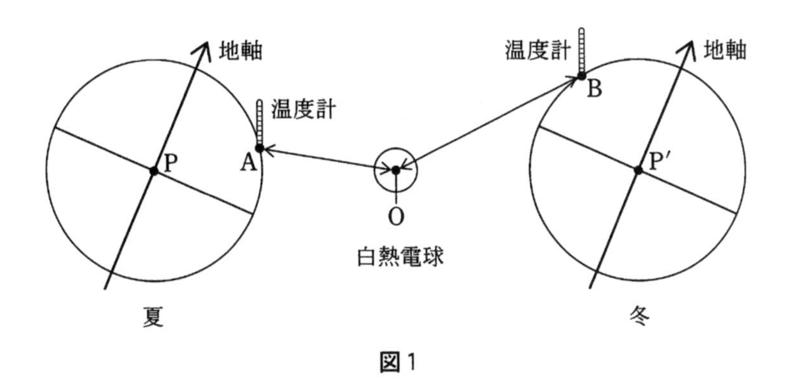

図1

みどりさん「夏に見立てたAの温度計の方が，冬のBよりも高い温度になったわ。つまり，『地軸が傾いていることで，季節によって太陽と地表との距離に差ができるから，気温が大きく変化する』ということかしら。確かにOAの方がOBよりも短くなっているわ。」

いちろうさん「僕は疑問が残るな。太陽や地球の大きさに対して，それらの間の距離は教科書では異なる縮尺で描かれているはずだよ。この実験の配置では，地球の大きさに対して太陽と地球の距離が近すぎるんじゃないかな。距離を変えて，もう一度実験してみようよ。」

【実験ロ】

距離がOP＝OP′となるように注意しながら，OA，OBの距離が表2に示した距離になるまで球体を遠ざけた。白熱電球を点灯させてから5分後の温度は，表2のようになった。なお，点灯から5分後以降は，温度は変化しなかった。

実験中，理科室の窓や扉は閉め，空調も止めた状態で，室温は31.5℃から変化しなかった。白熱電球を点灯する前には，どちらの温度計も室温と同じ31.5℃を示していた。

表2　温度計が示した値

実験ロのときのOA，OBの距離	Aの温度計	Bの温度計
OA＝60 cm，OB＝80 cm	36.3℃	32.9℃
OA＝80 cm，OB＝100 cm	33.0℃	31.8℃

みどりさん「距離を遠くすると，AとBとでそれぞれ温度は下がるわね。でも，やっぱり夏の方が冬より温度が高いわ。」

いちろうさん「そうだね。ただ，距離が近かった前の実験と比べると，夏と冬の温度の差が異なっているのが気になるな。もう少し実験をしたかったけれど，今日はもう下校の時間だね。また明日続きをしよう。」

距離のことが気になっていたいちろうさんは，悩んだまま帰宅した。そして**実験ロ**の続きとして，白熱電球と球体の距離をさらに離す実験を頭の中で想像してみた。

問 1　もし，白熱電球と球体の距離を**実験ロ**よりさらに離して実験したとすると，AとBの温度差はどうなると予想されるか。次の**ア**から**ウ**の中から最も適当なものを一つ選べ。

ア　小さくなる　　**イ**　変わらない　　**ウ**　大きくなる

問 2　白熱電球と球体の距離を大きくすると，OB − OAの値とOPの値の比$\left(\frac{OB - OA}{OP}\right)$はどうなるか。次の**ア**から**ウ**の中から最も適当なものを一つ選べ。

ア　小さくなる　　**イ**　変わらない　　**ウ**　大きくなる

いちろうさん「そうか！じゃあ，太陽と東京の距離は夏と冬でほとんど同じなのに，気温が変わるってこと？なぜだろう？もう一度教科書を読んでみよう。」

問 3　いちろうさんは，地球の地軸が傾いていることで季節によって気温が大きく変化する原因を教科書で見つけた。その原因は何か。次の**ア**から**エ**の中から最も適当なものを二つ選べ。

ア　水蒸気が水滴に変化して雲ができる高さ　　**イ**　太陽の南中高度
ウ　昼と夜の長さの比　　**エ**　偏西風の吹いている地表からの高さ

いちろうさん「明日この二つについて，新しい実験で確かめなくっちゃ。」

次の日，意気揚々と理科室に向かったいちろうさんだったが，みどりさんはもう実験を始めていた。

みどりさん「昨日の実験の続きをする前に，念のため**実験イ**の結果を確かめようと思って実験を始めたんだけど，今日は窓も扉も開けたまま始めてしまったの。」

【実験ハ（みどりさんの実験）】

今日は理科室の窓と扉は開いていたが，それ以外は前日の**実験イ**と同じ条件で実験をした。白熱電球を点灯させてから5分後に，温度計の値は表3のようになった。なお，点灯から5分後以降は，温度は変化しなかった。理科室の室温は実験前から実験後まで31.5 ℃から変化しなかった。

表3　温度計が示した値

実験ハのときのOA，OBの距離	Aの温度計	Bの温度計
OA = 40 cm，OB = 60 cm	37.1 ℃	34.6 ℃

みどりさん「昨日の**実験イ**と距離は変えてないのに，夏も冬も昨日より温度が下がっている。なにが違うんだろう？」

いちろうさん「昨日と違うのは…今日は窓と扉が開いていて，部屋の空気が動いたってことかな。」

みどりさん「えーと，つまり『昨日は白熱電球で温められた空気が熱を伝えていたけれど，今日はその空気がどこかに行ってしまって熱を伝えられなかったから，昨日より温度が低くなった』ということかな。あれっ！太陽から地球までの間は空気も何も無い空間が広がっているんじゃなかったっけ？」

問4　二人が考えた『**実験イ**と**実験ハ**の結果に差が生じた原因』が，気体が移動してその熱を伝える現象であったとすると，このような熱の伝わり方と関係が深いものは何か。次の**ア**から**ウ**の中から最も適当なものを一つ選べ。

ア　放射　　　**イ**　対流　　　**ウ**　蒸発

いちろうさん「空気が熱を伝えてしまう以上，今回みたいな温度のばらつきは避けられないね。実際の宇宙空間みたいに，太陽と地球の間に空気も他の物質もないような状態は作れないよね。」

みどりさん「じゃあせめて，白熱電球で温められた空気が温度計に向かわないように，白熱電球にだけ扇風機の風を当てるのはどうかしら。そうすれば，空気が熱を伝えることは防げるはずよ。」

問5　扇風機で白熱電球に風を送るこのアイディアで，空気が熱を伝えることをうまく防ぐことができた。このことを説明する次の文章で空欄（　　）に入る言葉は何か。下の**ア**から**エ**の中から最も適当なものを一つ選べ。

「扇風機で風を送ったことで，白熱電球の熱が（　　）のみで伝わり，宇宙空間における太陽と地球の間の熱の伝わり方をほぼ再現できた。」

ア　放射　　　**イ**　対流　　　**ウ**　伝導　　　**エ**　蒸発

（このページは余白です。）

3 消化と吸収に関する次の問 1 から問 3 に答えよ。

問 1　次の(1)から(3)に示した食品について，主に構成する栄養素（A群），それぞれの栄養素を消化する消化酵素（B群），そして栄養素が消化されてできるより小さい分子（C群）を，各群の**ア**から**ウ**の中から最も適当なものを選べ。

(1) 米　　(2) 肉　　(3) バター

A群	**ア** 脂肪	**イ** 炭水化物	**ウ** タンパク質
B群	**ア** ペプシン	**イ** アミラーゼ	**ウ** リパーゼ
C群	**ア** ブドウ糖	**イ** アミノ酸	**ウ** モノグリセリドと脂肪酸

問 2　次に示した**ア**から**ク**の臓器の中から，消化管を構成するものを四つ選び，口に近いほうから順に並べて解答欄(1)から(4)に答えよ。

ア 胃	**イ** 肝臓	**ウ** 小腸	**エ** 食道
オ すい臓	**カ** 大腸	**キ** だ液腺	**ク** 胆のう

問 3　次の文章を読み，次のページの 1 と 2 に答えよ。

食べ物をとりいれることで得られたブドウ糖は，血液によって体中を循環している。体を健康に保つためには血液中に一定量のブドウ糖がいつでも準備されている必要があり，この血液中のブドウ糖濃度を血糖値（単位 mg/dL*注）という。

次のページに示した図は，『ブドウ糖負荷試験』という検査の結果を示したものである。ブドウ糖負荷試験とは，空腹時（0 分）の血糖値を測定し，75 g のブドウ糖を200 mL の水に溶かした溶液を飲んで（ブドウ糖摂取），一定の時間ごとに血液を採取して血糖値の変化を測定するものである。健康な成人Aの血糖値は ─◆─ ，成人Bの血糖値は ─△─ ，成人Cの血糖値は ··●·· のように変化した。成人Bと成人Cは血糖値の異常が症状の一つである病気にかかっており，ブドウ糖負荷試験時には健康な成人Aとは異なる変化をした。

*注　dL：デシリットル　1 Lは 10 dLである。

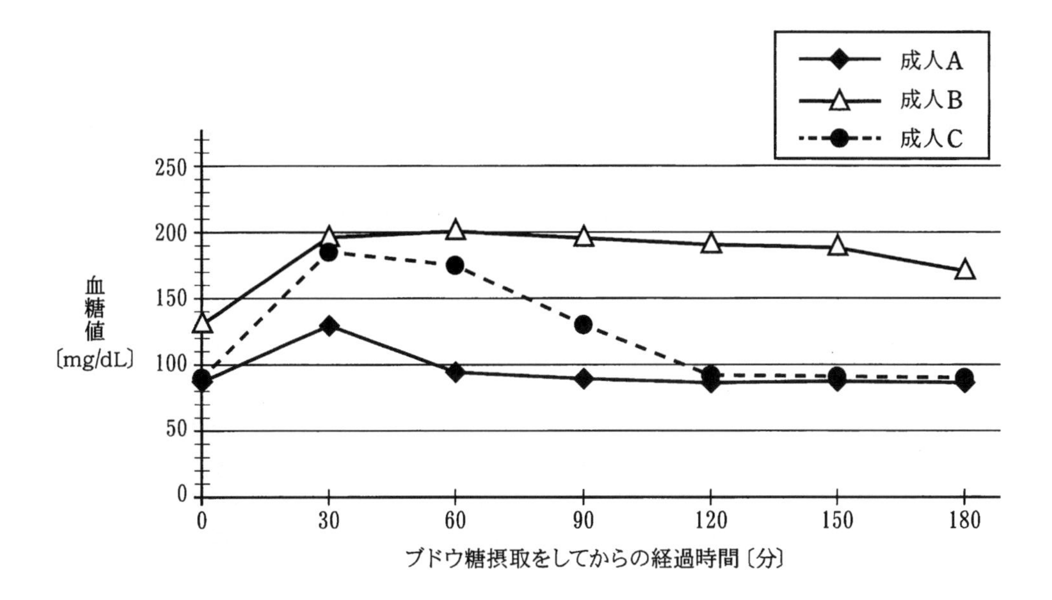

1　この図から考えられることができるものとして，間違っているものはどれか。次のアからオの中から二つ選べ。

ア　ブドウ糖摂取をすると血糖値が上昇すると考えられる。

イ　健康な成人Aの場合，血糖値はブドウ糖摂取によっていったん上昇しても，2時間以上かけて上昇前とほぼ同じ値に戻ると考えられる。

ウ　成人Bは健康な成人Aに比べて，ブドウ糖摂取をする前の血糖値も高く，ブドウ糖摂取をした後に上昇した血糖値がなかなか低下しないと考えられる。

エ　健康な成人Aのブドウ糖摂取をした直後の血糖値は，140 mg/dL 未満と考えられる。

オ　健康な成人Aのブドウ糖摂取をする前の血糖値は，100 mg/dLより高いと考えられる。

2　成人Cはブドウ糖摂取をする前の血糖値は健康な成人Aと変わらない。しかし，成人Cはブドウ糖摂取をした後に上昇した血糖値の低下が遅いという特徴を持つ。成人Cがかかっている病気は肝臓が原因となるものであるが，肝臓の異常によって血糖値の低下が遅くなる理由として，最も適当なものを次のアからオの中から一つ選べ。

ア　柔毛の毛細血管からの吸収が低下するためである。

イ　吸収された養分を貯蔵するための物質に変える働きが低下するためである。

ウ　尿素が体の外に排出されなくなるためである。

エ　酸素が細胞に運ばれなくなるためである。

オ　体に有害な物質を体に無害な物質にかえる働きが低下するためである。

4 次の文章を読んで，あとの問1から問4に答えよ。

図1のように，ペットボトルの中に土と池の水を入れ，にごりがなくなった後，オオカナダモとメダカを入れた。ペットボトルにはふたをし，日光が直接当たらない窓際に置いた。メダカにえさを与えずに，数日間観察したところ，次のようなことが確認できた。

- 昼間はオオカナダモの葉の表面からは<u>小さな泡</u>が出ていたが，夕方から夜にかけては小さな泡は出ていなかった。
- ペットボトルの水をとって顕微鏡で観察すると，ミジンコや緑色をした植物プランクトンが見られた。
- メダカが水中で動いている生き物を食べ，ときどきふんを出し，そのふんが土の上に落ちる様子が毎日見られた。
- 土の上に落ちていたメダカのふんは，数日間経ってもあまり増えず，ペットボトルの中の水もあまり汚れていなかった。

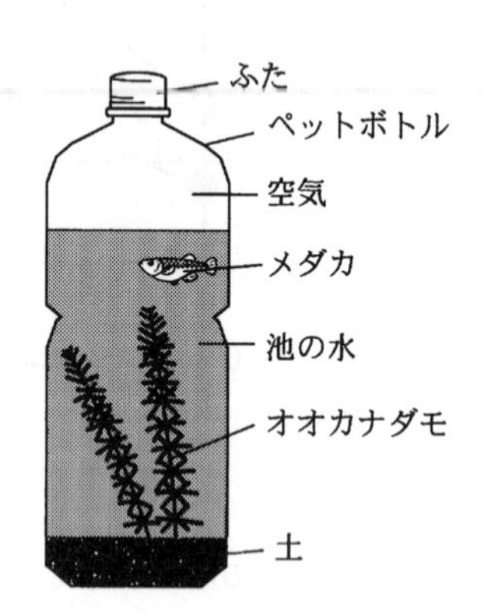

図1

また，自然界の物質の循環の様子を下の**図2**のように表した。図中の点線の矢印（--▶）は有機物の移動を，実線の矢印（—▶）は二酸化炭素の移動を示している。ただし，実線の矢印は一部かいていないものがある。

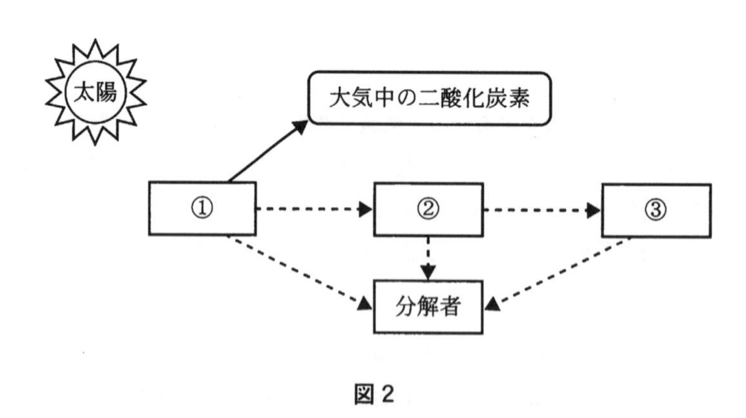

図2

問１　**図２**中にはかかれていない実線の矢印の数は何本か。

問２　**図１**のペットボトル内にいる生物どうしの関係を，**図２**に当てはめて考えてみると，**図２**中の②および③の生物は何にあたるか。次の**ア**から**エ**の中から最も適当なものをそれぞれ一つずつ選べ。

ア　オオカナダモ　　**イ**　メダカ　　**ウ**　植物プランクトン　　**エ**　ミジンコ

問３　観察で確認できたオオカナダモの葉の表面から出ていた小さな泡は何か。次の**ア**から**オ**の中から最も適当なものを一つ選べ。

ア　オオカナダモが呼吸をして出てきた二酸化炭素
イ　オオカナダモが光合成をして出てきた酸素
ウ　オオカナダモの蒸散によって出てきた水蒸気
エ　水が温まることで出てきた水中に溶けていた二酸化炭素
オ　メダカが呼吸をして出てきた二酸化炭素

問４　メダカの出したふんが数日間経ってもあまり増えず，ペットボトル内の水が汚れていなかったのはなぜか。次の**ア**から**オ**の中から最も適当なものを一つ選べ。

ア　メダカが水を吸い込み，えらでろ過していたから。
イ　ミジンコがふんを食べたから。
ウ　オオカナダモの根が，ふんの栄養分を吸収したから。
エ　土や水中にいた分解者が，ふんを分解したから。
オ　水中の植物プランクトンが，ふんを分解したから。

5 図1のように，十分な長さのなめらかな斜面上に記録テープをつけた物体をおき，1秒間に100打点を記録する記録タイマーを作動させると同時に静かに手をはなしたところ，物体は斜面に沿ってすべり始めた。その運動の様子を調べた。図2はこの実験の結果であり，記録テープに記録された基準点（打点O）から5打点ごとに区切って打点A，B，C，D，Eとして，打点Oからそれぞれの打点までの長さを示している。打点は記録テープの幅の中央に記録されているとする。

あとの問1から問4に答えよ。ただし，空気抵抗や物体と斜面の間の摩擦（まさつ）については無視できるものとする。

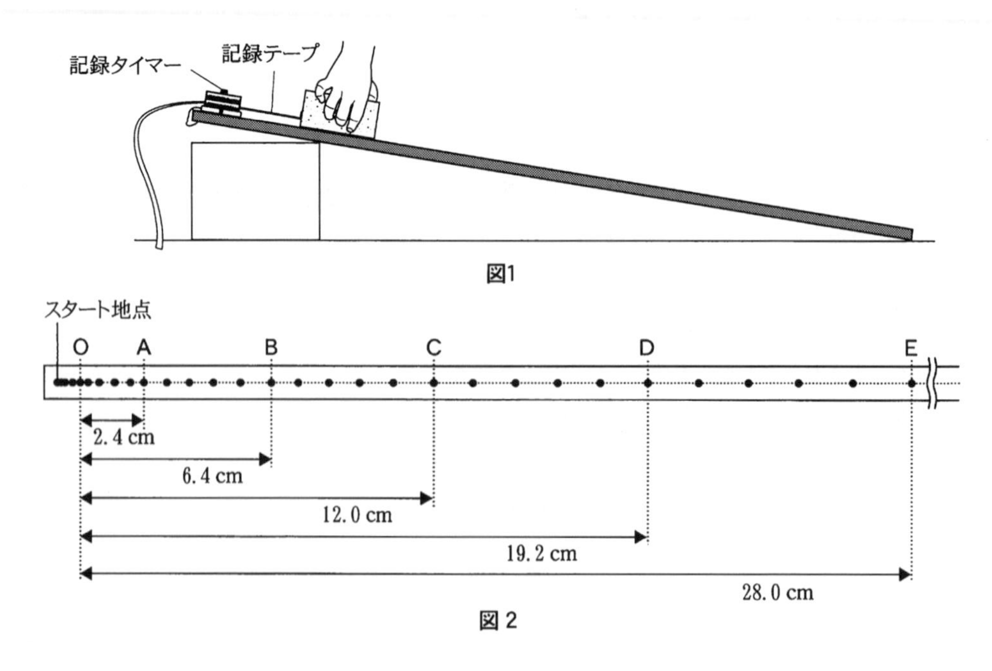

図1

図2

問1　図2において打点AB間における物体の平均の速さは何cm/sか。必要があれば，小数第1位を四捨五入して，整数で答えよ。　**アイ** cm/s

問2　図2の記録テープを5打点ごとに切り取り，左から順に下端をそろえて縦軸と横軸をかいた白い台紙に貼り付けると図3のようになった。図3に示されたOとAからEの記号は，図2の打点Oと打点Aから打点Eに対応しており，図3の記録テープでは，途中の打点は省略してある。下の1と2に答えよ。ただし，必要があれば，1については小数第3位を，2については小数第1位をそれぞれ四捨五入せよ。

1　図3において，横軸を時間と考えたとき，図中に示した①の幅は何sか。　**ア**.**イウ** s

2　図3において，縦軸を速さと考えたとき，台紙にかかれた縦軸の1 cmの長さは，速さ何cm/sに相当するか。　**アイ** cm/s

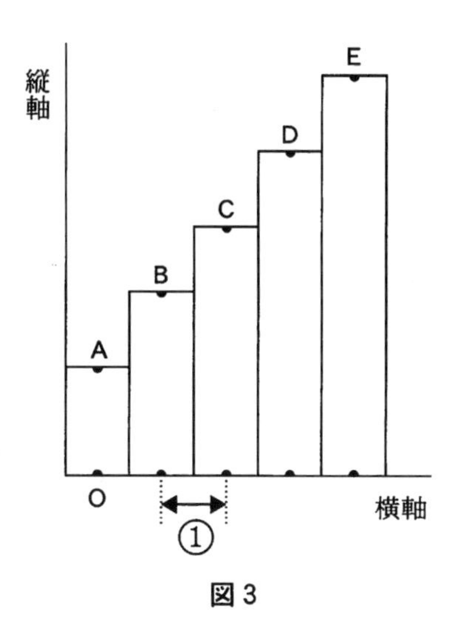

図3

問3　図2の打点Eが記録された後も物体は斜面をすべり続け，物体の速さは同じ割合で増加していることがわかった。このとき，記録テープに打点も記録されていた。打点Eが記録されてから0.15秒後に記録された打点の位置は，基準点Oからどれだけの距離か。次のアからコの中から最も適当なものを一つ選べ。

ア	60 cm	イ	61 cm	ウ	62 cm	エ	63 cm	オ	64 cm
カ	65 cm	キ	66 cm	ク	67 cm	ケ	68 cm	コ	69 cm

問4　図4に示したように斜面の角度を大きくして同様の実験を行った。物体にはたらく重力の斜面方向の分力Fの大きさと，物体にはたらく垂直抗力Nの大きさは，斜面の角度を大きくする前に比べて，どうなるか。次のアからオの中から最も適当なものを一つ選べ。

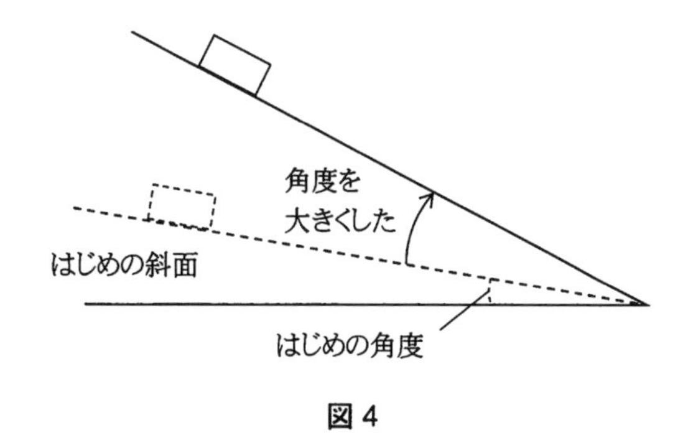

図4

ア　FもNも変化しない。
イ　FもNも大きくなる。
ウ　FもNも小さくなる。
エ　Fは大きくなり，Nは小さくなる。
オ　Fは小さくなり，Nは大きくなる。

6 次の問１と問２に答えよ。

問１　**図１**のように，U字形磁石の間に細くて十分に長い導線をはさみ，導線に電流を流した。**図２**は**図１**を上から見た図であり，**図３**は**図１**を横から見た図である。このとき，導線は**図１**に示す矢印の向きに力を受けていた。他の条件は変えないで，磁石の向きだけを以下の操作１，操作２のように変えるとき，下の１と２に答えよ。

操作１：**図４**のように，磁石を水平方向にのみ45°回転させる。
操作２：**図５**のように，磁石を上下方向にのみ45°回転させる。

１　操作１を行うと導線が受ける力の向きはどうなるか。力がはたらく場合は**図４**の①から⑧の中から最も適当なものを，力がはたらかなくなる場合は⑨を選べ。

２　操作２を行うと導線が受ける力の向きはどうなるか。力がはたらく場合は**図５**の①から⑧の中から最も適当なものを，力がはたらかなくなる場合は⑨を選べ。

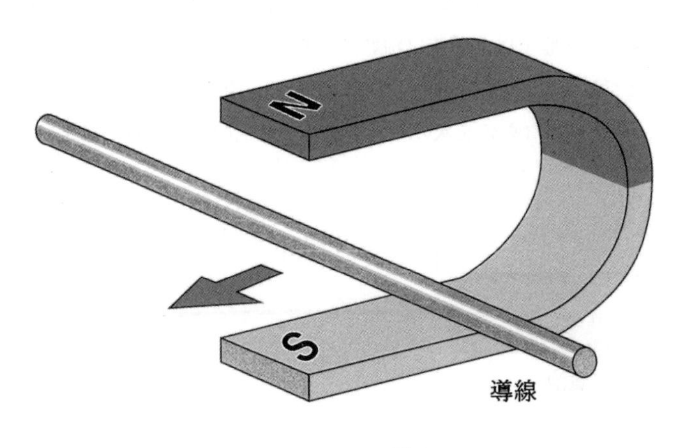
N
S
導線

図1

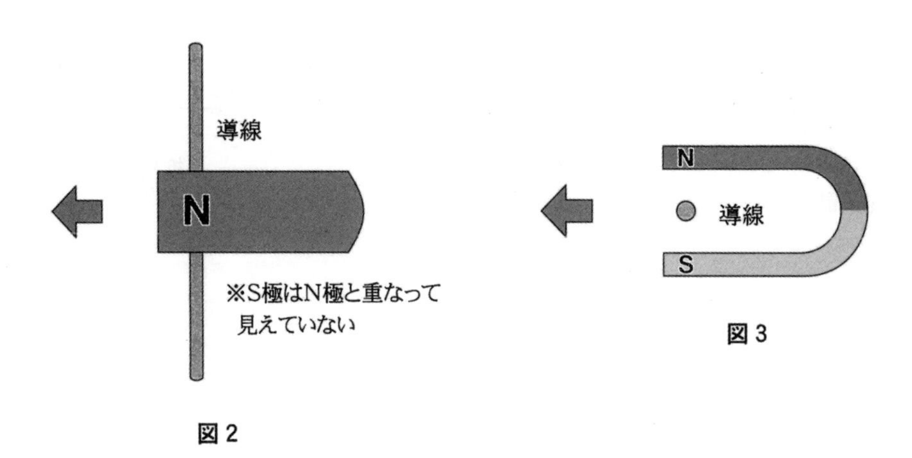
導線
N
※S極はN極と重なって
見えていない
N
導線
S

図2

図3

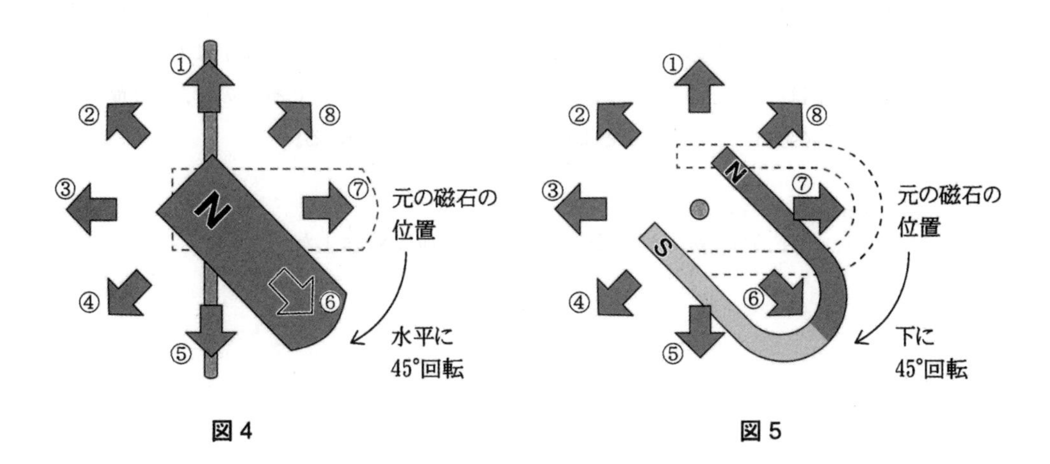
①
②
⑧
③
N
⑦
元の磁石の
位置
④
⑥
⑤
水平に
45°回転
①
②
⑧
③
N
⑦
元の磁石の
位置
S
④
⑥
⑤
下に
45°回転

図4

図5

問２　1.5Ｖの新しい乾電池２つと，100Ωの抵抗器，200Ωの抵抗器，電流計が**図６**のように配線されている。**図６**の状態では，電流は流れていない。下の文章は，端子ａをｂ，ｃ，ｄのそれぞれの点につなぐことについて考察したものである。空欄（　1　）から（　9　）に当てはまるものとして，最も適当なものを次のページに示す選択肢からそれぞれ選べ。

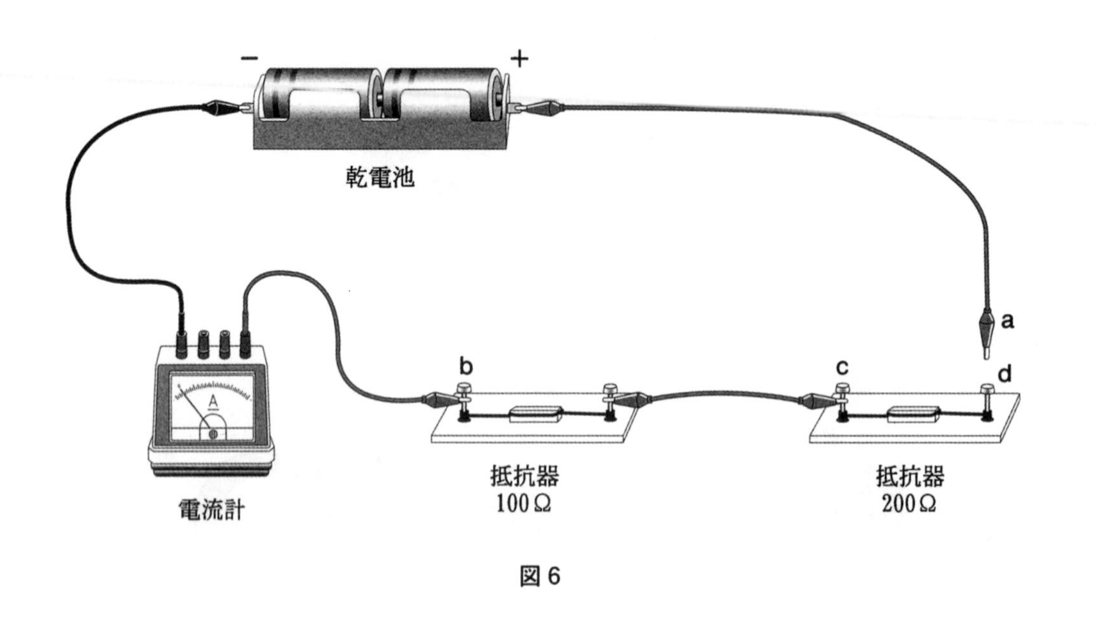

図６

まず，端子ａをｂ点につなぐことを考える。このつなぎ方はやってはいけない。なぜなら，乾電池の両端に電流計を直接接続することにより，（　1　）。次に，端子ａをｃ点につなぐことを考える。電流計は（　2　）を示し，この値は（　3　）を流れる電流を示す。ｂｄ間の電圧は#（　4　）である。最後に，端子ａをｄ点につなぐことを考える。電流計は（　5　）を示す。ｂｃ間の電圧は（　6　）であり，ｃｄ間の電圧は（　7　）であるので，ｂｄ間の電圧は（　8　）である。これらのことより，（　9　）ことがわかる。

#教英出版 編集部　注
当局より，（　4　）は問題が削除され，受験者全員に加点されました。

2018(平成30)年度

(1) の選択肢

ア　電流計を電圧計として扱うことになり，電流値ではなく電圧値が示されるからである
イ　大電流が流れて，電流計が故障したり電池が破裂したりするおそれがあるからである
ウ　電池と電流計の間に抵抗がないので電流が流れず，かわりに直接電圧がかかるからである
エ　電池の＋と－が瞬間的に引き寄せあって発光するからである

(2) の選択肢

ア　300 A　　イ　30 A　　ウ　3.0 A　　エ　300 mA　　オ　30 mA
カ　3.0 mA　　キ　0.30 mA

(3) の選択肢

ア　100 Ω の抵抗器　　イ　200 Ω の抵抗器　　ウ　100 Ω の抵抗器と200 Ω の抵抗器の両方

(4) の選択肢

ア　0 V　　イ　1.0 V　　ウ　1.5 V　　エ　2.0 V　　オ　2.5 V
カ　3.0 V　　キ　測定不可能

(5) の選択肢

ア　100 A　　イ　10 A　　ウ　1.0 A　　エ　100 mA　　オ　10 mA
カ　1.0 mA　　キ　0.10 mA

(6)(7)(8) の選択肢

ア　0 V　　イ　1.0 V　　ウ　1.5 V　　エ　2.0 V　　オ　2.5 V
カ　3.0 V　　キ　測定不可能

(9) の選択肢

ア　乾電池の両端の電圧はほぼ一定で，つなぐ抵抗によって回路全体を流れる電流が変化する
イ　乾電池から出る電流はほぼ一定で，つなぐ抵抗によって回路全体にかかる電圧が変化する
ウ　乾電池の電圧と電流の積はほぼ一定で，つなぐ抵抗によって回路全体の電圧も電流も変化する

7 あきおさんがBTB溶液を用いて塩酸と水酸化ナトリウム水溶液の性質を調べたところ，それぞれの性質が異なることがわかった。いっしょに実験を行ったゆみさんは塩酸に水酸化ナトリウム水溶液を少しずつ加えていったときに，水溶液の性質がどのように変化するかを調べることにした。

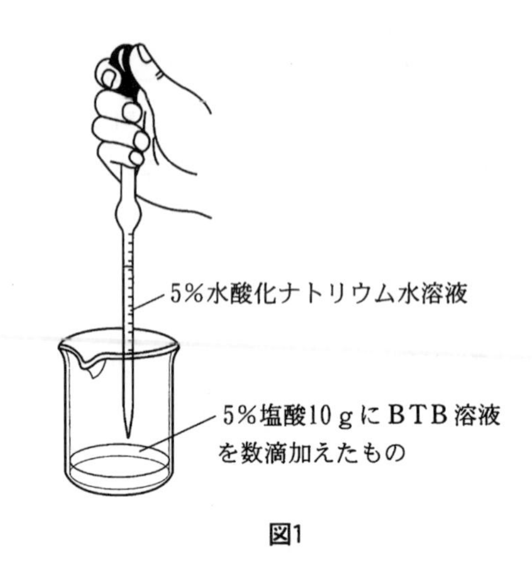

図1

そこで，**図1**のように，5％塩酸10ｇにBTB溶液を数滴加えたものをビーカーに入れ，そこに5％水酸化ナトリウム水溶液をこまごめピペットを用いて少しずつ加え，ビーカー内の水溶液の色の変化を観察することにした。次の問1から問3に答えよ。

問1　5％塩酸10ｇに含まれる水の質量は何ｇか。最も適当なものを次の**ア**から**カ**の中から一つ選べ。

ア　0.05ｇ　**イ**　0.50ｇ　**ウ**　5.00ｇ　**エ**　9.05ｇ　**オ**　9.50ｇ　**カ**　10.00ｇ

問2　次の文は，塩酸に水酸化ナトリウム水溶液を少しずつ加えていったときの色の変化を記述したものである。空欄（　1　）から（　3　）に当てはまる色の組み合わせとして，最も適当なものを下表の**ア**から**カ**の中から一つ選べ。

「水溶液は最初に（　1　）色をしていたが，やがて（　2　）色を経て（　3　）色に変化した。」

	1	2	3
ア	青	緑	黄
イ	青	黄	緑
ウ	黄	緑	青
エ	黄	青	緑
オ	緑	青	黄
カ	緑	黄	青

問３　**図２**は，塩酸に少しずつ等量の水酸化ナトリウム水溶液を加えていったときのイオンの個数の関係をイオンのモデルで表したものである。**水溶液Ａ**は水酸化ナトリウム水溶液を加える前の塩酸を示している。**水溶液Ｂ**は**水溶液Ａ**に水酸化ナトリウム水溶液を加える**操作ａ**を行った後の水溶液を示している。同様に**水溶液Ｃ**は**水溶液Ｂ**に**操作ｂ**を行った後のもの，**水溶液Ｄ**は**水溶液Ｃ**に**操作ｃ**を行った後のもの，**水溶液Ｅ**は**水溶液Ｄ**に**操作ｄ**を行った後のものである。**水溶液Ｃ**から**水溶液Ｅ**については図中にイオンのモデルをかいていない。下の１から４に答えよ。

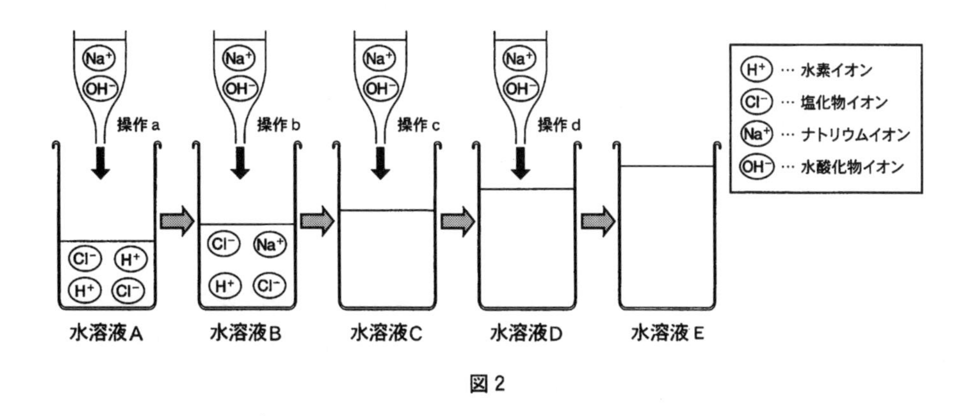

図２

１　**水溶液Ａ**から**水溶液Ｅ**はそれぞれどのような性質を示すか。次の**ア**と**イ**から最も適当なものをそれぞれ一つずつ選べ。

ア　酸性　　**イ**　酸性以外の性質

２　**操作ａ**から**操作ｄ**をそれぞれ行ったとき，中和は起こったか。次の**ア**と**イ**から最も適当なものをそれぞれ一つずつ選べ。

ア　中和が起こった　　**イ**　中和が起こらなかった

３　**図２**の**水溶液Ａ**および**水溶液Ｂ**では水溶液中にイオンのモデルがそれぞれ４個ずつ存在している。**水溶液Ｃ**から**水溶液Ｅ**の中に存在するイオンのモデルの個数はそれぞれ何個か。次の**ア**から**カ**の中から最も適当なものを一つずつ選べ。

ア　０個　　**イ**　２個　　**ウ**　４個　　**エ**　６個　　**オ**　８個　　**カ**　10個

４　**水溶液Ａ**から**水溶液Ｅ**をそれぞれスライドガラスにのせて乾かしたとき，どのような結果が得られるか。次の**ア**と**イ**から最も適当なものをそれぞれ一つずつ選べ。

ア　塩化ナトリウムのみが残るという結果　　**イ**　**ア**以外の結果

8 次の問1から問3に答えよ。

問1　炭酸水素ナトリウムは塩酸と反応して二酸化炭素が発生する。密閉できる大きいプラスチック容器に，炭酸水素ナトリウムを2.10 gと塩酸が入ったふたの無い小容器を入れた。密閉後に大きいプラスチック容器を傾けることで，炭酸水素ナトリウムと塩酸を反応させ，その状態で大きいプラスチック容器の質量を測定した。この反応前後で大きいプラスチック容器全体の質量はどれだけ変化したか。最も適当なものを次の**ア**から**オ**の中から一つ選べ。ただし，容器に入れた炭酸水素ナトリウムはすべて反応したものとし，炭酸水素ナトリウム8.40 gが塩酸と完全に反応したときには，二酸化炭素が4.40 g生じるものとする。

ア　0 g　　**イ**　0.6 g　　**ウ**　1.1 g　　**エ**　1.6 g　　**オ**　2.1 g

問2　純粋な炭酸水素ナトリウムをステンレス皿に適量とり，**図1**のようにガスバーナーで加熱する実験を行った。1分間加熱するごとにステンレス皿全体の質量を測定したところ，**図2**のようなグラフをかくことができた。加熱することでできた物質のうち，炭酸ナトリウム以外はすべて気体になったものとして次のページの1から4に答えよ。なお，実験で使用したステンレス皿の質量は6.21 gであり，ステンレス皿は加熱により変化しないものとする。

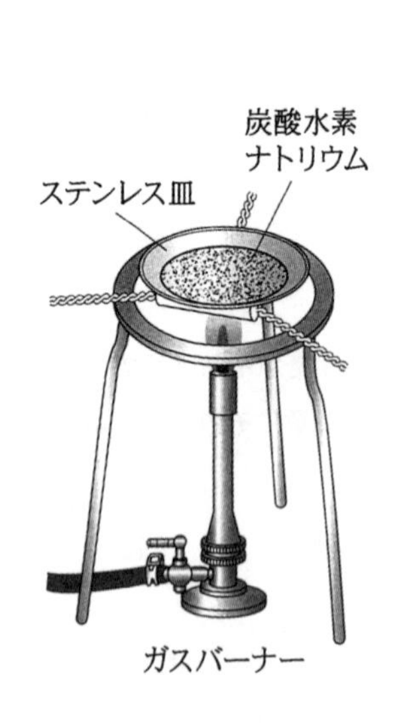

図1

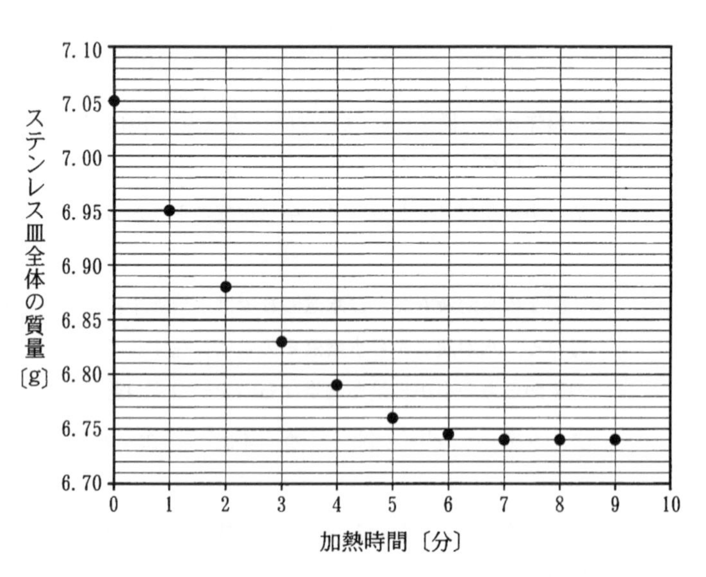

図2

1　加熱すると，ステンレス皿全体の質量が減少しているが，その理由はなぜか。最も適当なものを次の**ア**から**オ**の中から一つ選べ。

ア　炭酸水素ナトリウムが蒸発したから。　**イ**　炭酸水素ナトリウムが酸化したから。
ウ　酸素が空気中に出て行ったから。　**エ**　二酸化炭素が空気中に出て行ったから。
オ　水と二酸化炭素が空気中に出て行ったから。

2　9分間加熱した後にステンレス皿に残っている固体の質量は，もとの炭酸水素ナトリウムの質量の何％になるか。最も適当なものを次の**ア**から**オ**の中から一つ選べ。

ア　31％　**イ**　37％　**ウ**　58％　**エ**　63％　**オ**　96％

3　1分間加熱したときにステンレス皿に分解されずに残っている炭酸水素ナトリウムの質量は何gになるか。最も適当なものを次の**ア**から**オ**の中から一つ選べ。

ア　0.10 g　**イ**　0.27 g　**ウ**　0.46 g　**エ**　0.57 g　**オ**　0.74 g

4　同じステンレス皿を使ってもう一度同じ実験をしようとしたが，最初の実験で生成した炭酸ナトリウムを誤って一部残したまま，新しい炭酸水素ナトリウムをステンレス皿に入れてしまった。この混ざり合った固体を質量の変化が無くなるまで十分に加熱したところ，ステンレス皿全体の質量は加熱前後で0.31 g変化していた。加熱後のステンレス皿全体の質量が6.90 gであったとき，加熱前の混ざり合った固体中に炭酸水素ナトリウムは何％あったと考えられるか。最も適当なものを次の**ア**から**オ**の中から一つ選べ。ただし，混ざった炭酸ナトリウムは熱により変化しないものとする。

ア　31％　**イ**　45％　**ウ**　55％　**エ**　69％　**オ**　84％

問3　炭酸水素ナトリウムおよび炭酸ナトリウムに関する記述として，正しいものを次の**ア**から**オ**の中から二つ選べ。

ア　どちらも室温で白色の固体である。
イ　どちらも水溶液は弱い酸性を示す。
ウ　炭酸水素ナトリウムはベーキングパウダー（ふくらし粉）として利用されている。
エ　炭酸ナトリウムは石灰岩の主成分である。
オ　どちらの物質も同じ化学式で表される。

1　電気に関する次の問 1，問 2 について答えよ。

問 1　ある家電製品を見てみると**図 1** のような表示がついていた。この表示についての【説明文】を下に示した。説明文中の (1)，(4)，(7)，(9) にあてはまる最も適当な語句を，あとの**ア**から**コ**の中から一つずつ選べ。また，［　　］中の (2)，(3)，(5)，(6)，(8) には，最も適当な整数を入れよ。

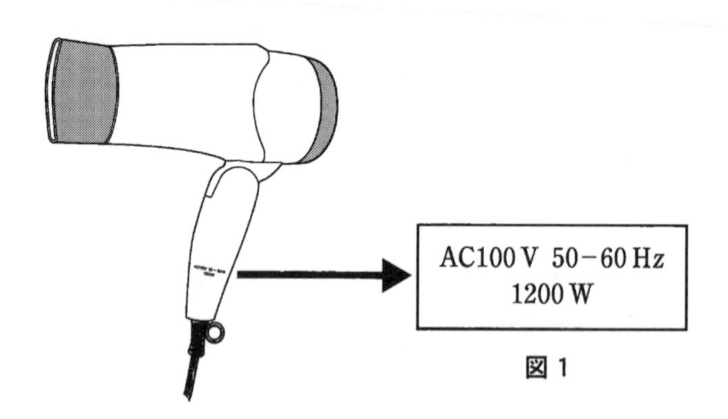

図 1

【説明文】

この家電製品を家庭用 100 V のコンセントに接続したときの (1) が 1200 W である。そのとき，この製品に流れる電流は［(2) (3)］A である。また，この製品を 10 分間使用したときの (4) は［(5)］.［(6)］kWh である。50–60 Hz とは (7) のことであり，これは［(8)］秒間に流れる電流の向きが逆になってまた元にもどる回数である。このような電流を (9) という。

ア　電圧　　**イ**　電流　　**ウ**　抵抗　　**エ**　周波数　　**オ**　電気
カ　電力　　**キ**　電気量　　**ク**　電力量　　**ケ**　直流　　**コ**　交流

問 2　100 V−100 W と 100 V−40 W の 2 種類の白熱電球を図 2 と図 3 のように直列と並列に接続して 100 V の電源に接続した。下の 1，2 に答えよ。

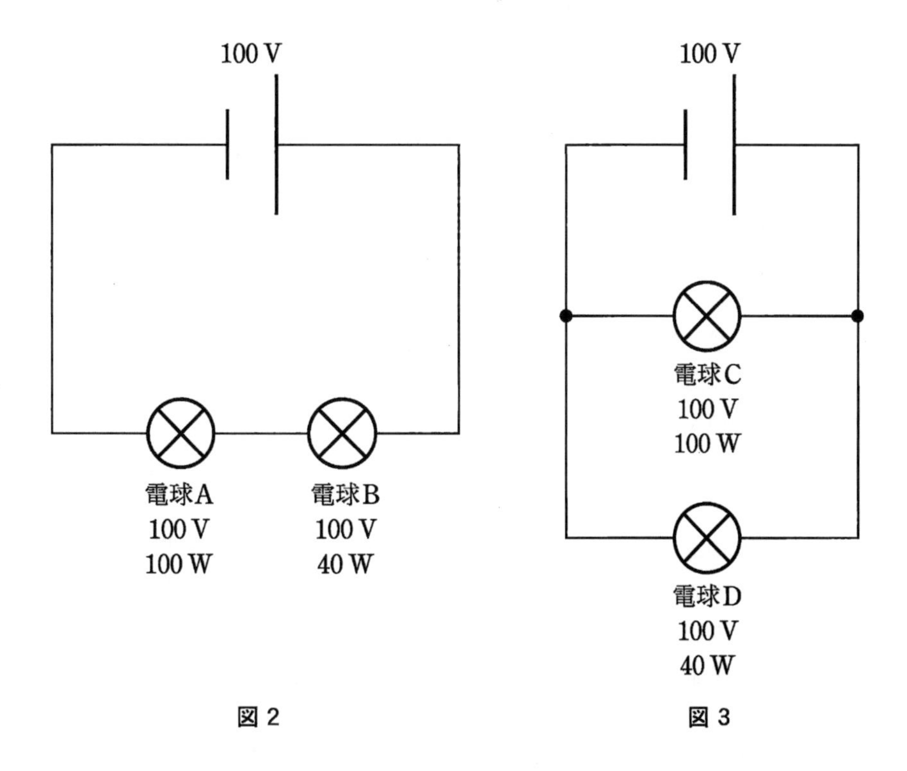

図 2　　　図 3

1　電球 A から D の中で最も暗く光る電球はどれか。次のアからエの中から最も適当なものを一つ選べ。

ア　電球A　　イ　電球B　　ウ　電球C　　エ　電球D

2　電球 A から D の中で最も明るく光る電球に流れる電流はいくらか。次のアからコの中から最も適当なものを一つ選べ。

ア　0.25 A　　イ　0.4 A　　ウ　0.6 A　　エ　1.0 A　　オ　2.5 A
カ　4.0 A　　キ　6.0 A　　ク　40 A　　ケ　100 A　　コ　250 A

2　力に関する次の問1から問5に答えよ。

問1　物体に二つの力を加えたとき，物体が動かない条件を調べるために，**図1**のように，水平な記録用紙上に置かれた厚紙に取り付けた2本の糸を，それぞればねばかりで水平に引く実験をした。

物体にはたらく二つの力のつり合いの条件に<u>含まれない</u>ものはどれか。次の**ア**から**エ**の中から最も適当なものを一つ選べ。

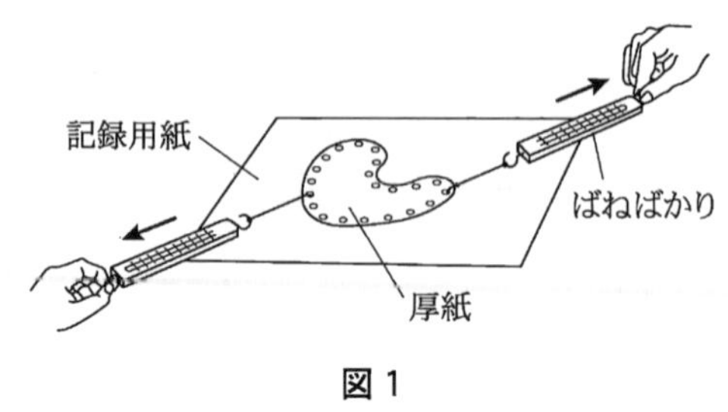

図1

ア　二つの力が一直線上にある。
イ　二つの力の向きが互いに反対向きである。
ウ　二つの力の大きさが等しい。
エ　二つの力の作用点が一致する。

問2　水平な床に固定された斜面上に一様な直方体が静止している。この様子を**図2**のように方眼紙の上に描いた。図の矢印は直方体にはたらく重力である。この直方体が斜面上で静止しているためには，斜面から直方体に重力とつり合い条件を満たすもう一つの力がはたらいていなければならない(重力以外に二つの力がはたらいている場合は，その合力が重力とつり合い条件を満たさなければならない)。**図2**に重力とつり合う力を描き加えたものとして，正しいものはどれか。次の**ア**から**エ**の中から最も適当なものを一つ選べ。

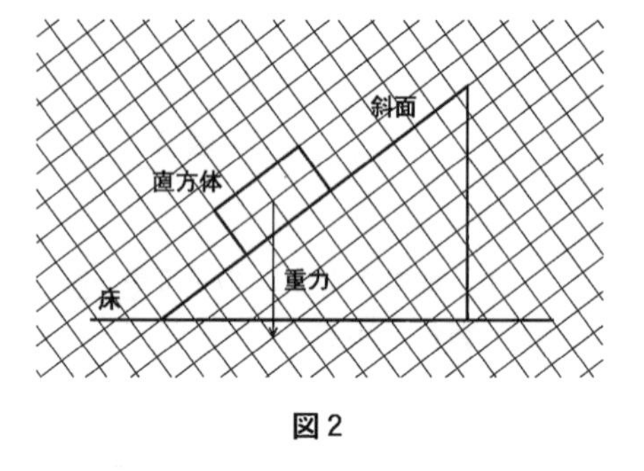

図2

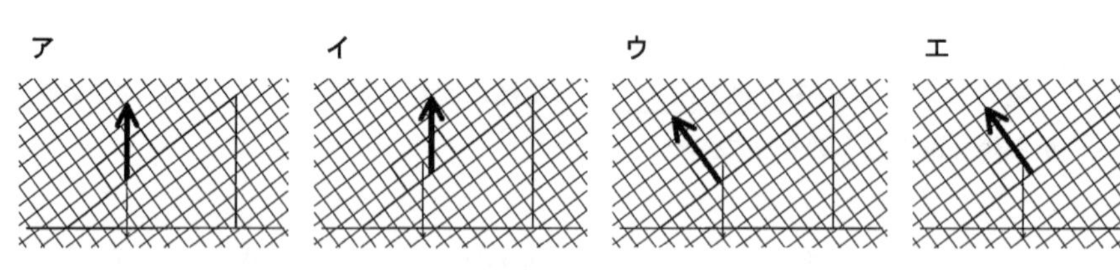

問3　**図3**のように，電子てんびん(はかり)に水の入った容器をのせ，電子てんびんの読みを0にセットする。細い糸を指でつまんでつるした一様な棒の底面が水面から1 cm上にある状態(**図3**の実線で表す)から，糸が完全にゆるむまで静かにおろしていく。このとき指をおろした距離x cmと電子てんびんの読みを重さの単位〔N〕に換算したものを，**図4**のグラフに表した(距離 x cm下げた状態を**図3**の破線で表す)。このとき，棒は倒れることなくまっすぐに水中に入った。この棒全体が水中に入っており，かつ棒が水底についていないとき，棒にはたらく浮力はいくらか。

ア．**イ** N

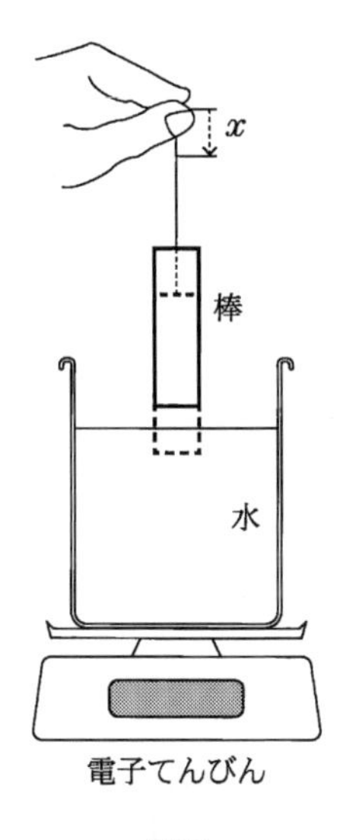

図 3

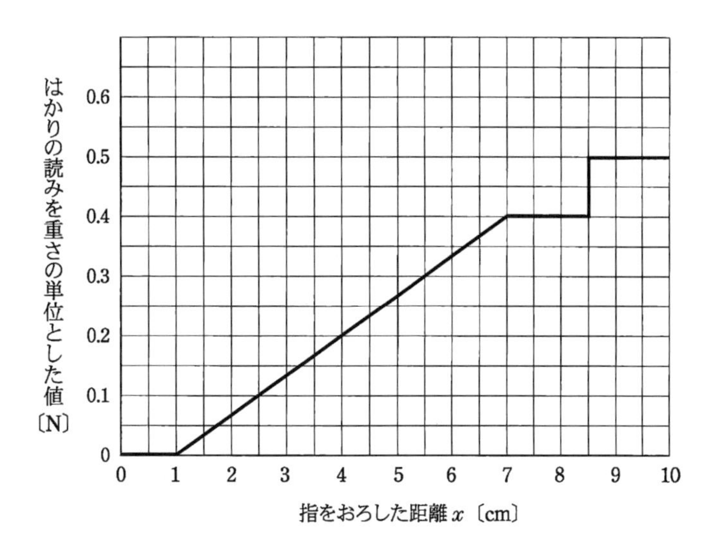

図 4

問 2 で使った直方体をなめらかな斜面上に置き，直方体と棒とを滑車を通して糸でつなぎ，糸をつまんで直方体を静止させた。このとき，棒の底面はちょうど水の入った容器内の水面と同じ位置にあった。棒と水の入った容器は，いずれも**図 3** と同じものである。**図 5** のように，この様子を方眼紙に描いた(糸をつまんでいる指は描いていない)。

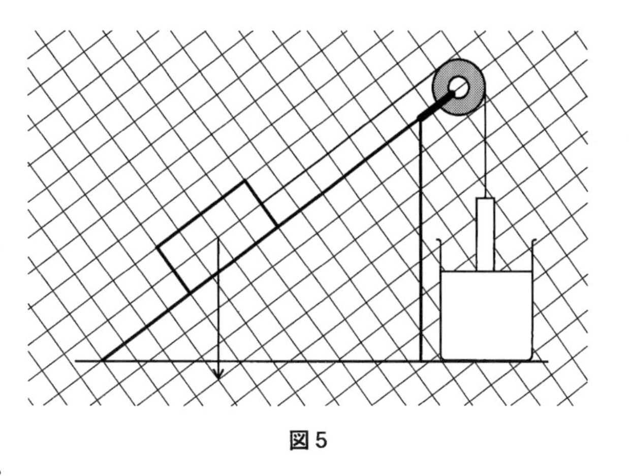

図 5

直方体にはたらく重力を表す矢印は 0.5 N である。なお，この問題では摩擦(まさつ)の影響はないものとする。

問 4　この重力を斜面に平行な向きと垂直の向きに分解したとき，斜面に平行な向きの分力は何 N か。　ア . イ N

問 5　棒の底面がちょうど水面に接する位置から，糸をつまむ力をゆっくりとゆるめていくと，棒は水中に静かに入っていった。やがて，ある位置まで棒が下がったところで直方体は静止した。このとき，直方体は最初の位置から斜面に沿って何 cm の距離を移動したか。次の**ア**から**コ**の中から最も適当なものを一つ選べ。

ア 2.0 cm	**イ** 2.5 cm	**ウ** 3.0 cm	**エ** 3.5 cm	**オ** 4.0 cm
カ 4.5 cm	**キ** 5.0 cm	**ク** 5.5 cm	**ケ** 6.0 cm	**コ** 6.5 cm

2017(平成29)年度

3 塩化水素 HCl の水溶液を塩酸という。塩酸を用いて行った**実験1**，**実験2-1**，**実験2-2**について，下の問1から問4に答えよ。

実験1 図のようにスライドガラスに硫酸ナトリウム水溶液をしみこませたろ紙を置き，その上にリトマス紙をのせ，リトマス紙の中央に鉛筆で印をつけた。つづいてこの印の上にうすい塩酸をつけた後，電圧を加えてうすい塩酸周辺のリトマス紙の色の変化を観察した。

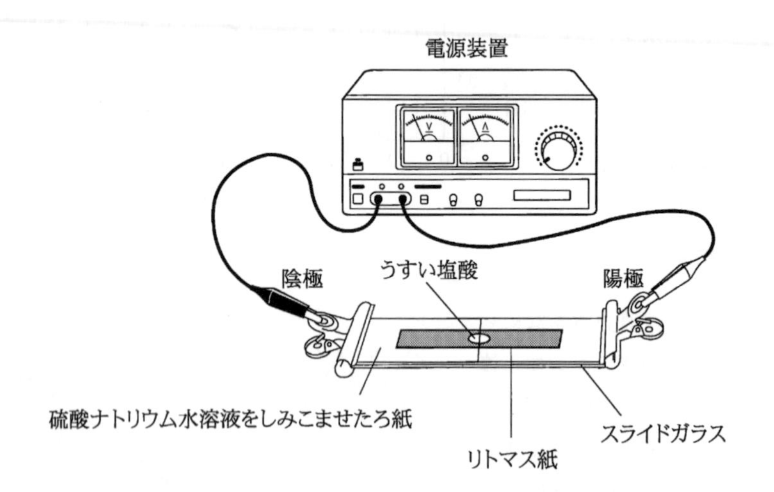

問1 **実験1**では，赤色リトマス紙と青色リトマス紙のどちらを用いるか。また，ろ紙に電圧を加えると，どのような結果が観察されたか。次の**ア**から**エ**の中から最も適当なものを一つ選べ。

ア 赤色リトマス紙を用いる。また，電圧を加えると，リトマス紙の陽極側が青色に変化していった。

イ 赤色リトマス紙を用いる。また，電圧を加えると，リトマス紙の陰極側が青色に変化していった。

ウ 青色リトマス紙を用いる。また，電圧を加えると，リトマス紙の陽極側が赤色に変化していった。

エ 青色リトマス紙を用いる。また，電圧を加えると，リトマス紙の陰極側が赤色に変化していった。

問 2　**実験 1** で観察された結果から，塩酸が酸性を示すのは，電気をもったイオンが原因であると考えられる。このイオンについての正しい説明はどれか。次の**ア**から**エ**の中から最も適当なものを一つ選べ。

ア　水素原子が電子を 1 個受け取ると，酸性の原因となる陽イオンが生じる。
イ　水素原子が電子を 1 個受け取ると，酸性の原因となる陰イオンが生じる。
ウ　水素原子が電子を 1 個失うと，酸性の原因となる陽イオンが生じる。
エ　水素原子が電子を 1 個失うと，酸性の原因となる陰イオンが生じる。

実験 2-1　3.50 % 塩酸 10.00 g が入ったビーカーに，水溶液が中性になるまで 3.50 % 水酸化ナトリウム水溶液を少しずつ加えていった。このときに加えた 3.50 % 水酸化ナトリウム水溶液の質量は 10.97 g だった。

実験 2-2　上の**実験 2-1** で得られた水溶液をすべて蒸発皿に移し，つづいて水溶液の温度を 80 ℃ に保ちながら少しずつ水溶液中の水を蒸発させ，蒸発皿に固体が出てくる様子を観察した。さらに，水を完全に蒸発させ，蒸発皿に残った固体の質量をはかったところ，0.56 g だった。

問 3　上の**実験 2-1** が終了したとき，水溶液中には塩化ナトリウムだけが溶けていると考えてよい。塩化ナトリウム水溶液の質量パーセント濃度は何 % か。小数第 2 位を四捨五入して小数第 1 位まで答えよ。　［ア］.［イ］%

問 4　塩化ナトリウムの溶解度（100 g の水に溶ける物質の質量〔g〕）を調べたところ，80 ℃ では 100 g の水に塩化ナトリウムが 40.0 g まで溶けることがわかった。**実験 2-2** を開始したときから蒸発皿に固体が出はじめるまでに，何 g の水が蒸発したか。次の**ア**から**オ**の中から最も適当なものを一つ選べ。

ア　18.5 g　　**イ**　19.0 g　　**ウ**　19.6 g　　**エ**　20.1 g　　**オ**　20.5 g

4 銅の粉末を加熱する実験について，次の問 1，問 2 に答えよ。

問 1　**図 1** のように銅の粉末を空気中で加熱すると，銅は空気中の酸素と化合する。銅の質量と銅と化合する酸素の質量を調べるために，次の①から⑥の手順で実験を行った。下の 1 から 3 に答えよ。

① 試料として赤茶色の銅の粉末を，1 班から 5 班へそれぞれ 0.50 g，0.75 g，1.00 g，1.25 g，1.50 g ずつ配り，ステンレス皿の上にうすく広げた。
② 電子てんびんを用いて，ステンレス皿と銅の粉末の質量を測定した。
③ ガスバーナーの炎を調節しながら銅の粉末を加熱した。
④ 加熱後，再び電子てんびんを用いて，ステンレス皿と銅の粉末の質量を測定した。
⑤ 薬さじで銅の粉末をステンレス皿の外に落とさないように，注意しながらよくかき混ぜた。
⑥ ③から⑤の操作を 5 回繰り返し，その結果を**表 1** にまとめた。

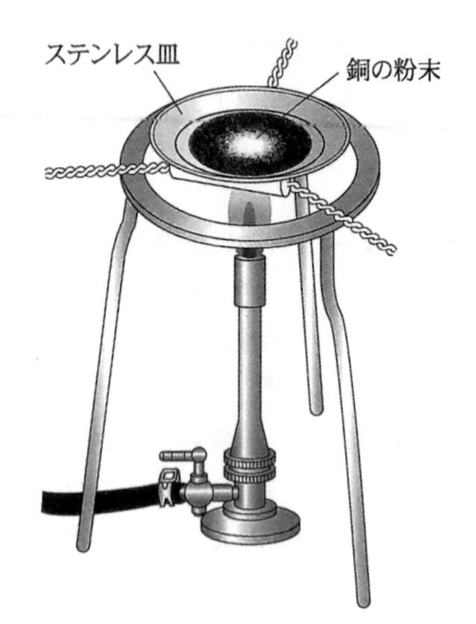

図 1

表 1

		1 班	2 班	3 班	4 班	5 班
加熱前		35.00	34.35	36.10	35.25	35.00
加熱後	1 回目	35.08	34.47	36.27	35.46	35.25
	2 回目	35.11	34.52	36.33	35.53	35.34
	3 回目	35.12	34.53	36.34	35.55	35.36
	4 回目	35.12	34.54	36.35	35.56	35.37
	5 回目	35.12	34.54	36.35	35.56	35.37

単位〔g〕

1　各班が用いたステンレス皿は，それぞれの質量が違っている。最も軽いステンレス皿の質量はいくらか。次の**ア**から**コ**の中から最も適当なものを一つ選べ。

ア　33.30 g　**イ**　33.40 g　**ウ**　33.50 g　**エ**　33.60 g　**オ**　33.70 g
カ　33.80 g　**キ**　33.90 g　**ク**　34.00 g　**ケ**　34.10 g　**コ**　34.20 g

2　1班の実験結果をグラフにした。横軸を加熱回数，縦軸を銅と化合した酸素の質量とすると，1班の実験結果のグラフはどのようになるか。次の**ア**から**オ**の中から最も適当なものを一つ選べ。

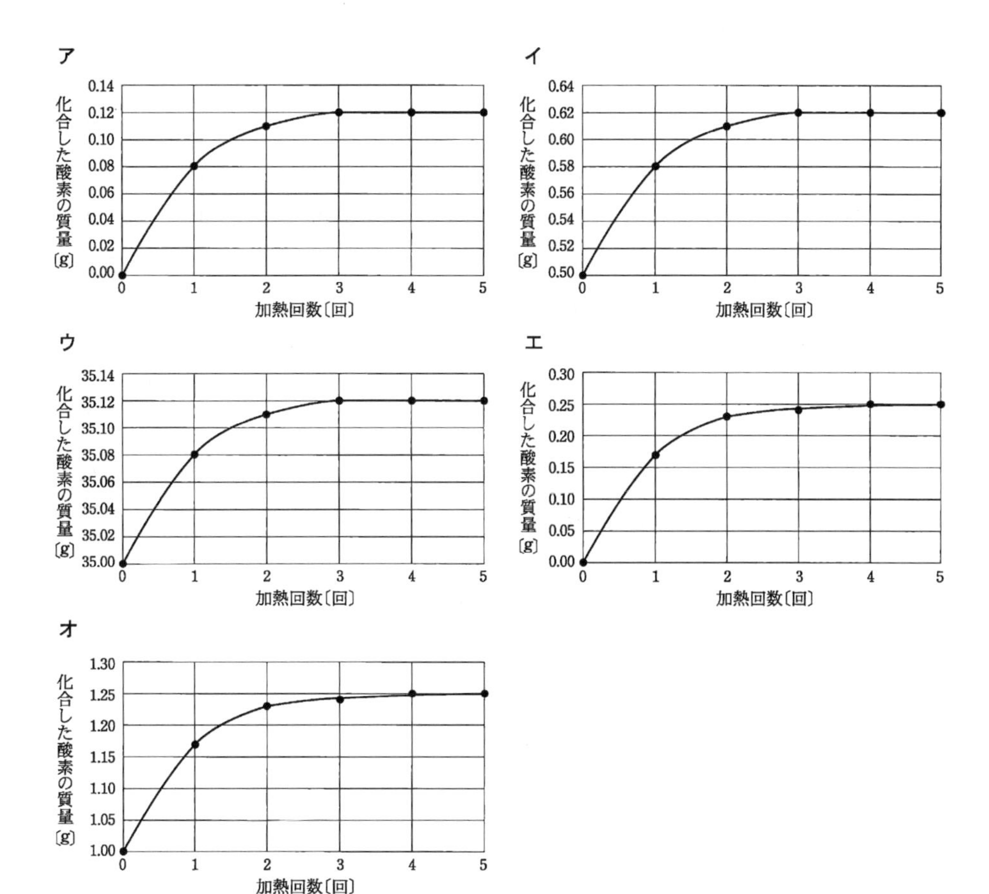

3　**図2**のグラフは1班から5班の実験結果を，横軸を銅の粉末の質量，縦軸を5回目の加熱後の化合物の質量で示したものである。この結果から銅の粉末の質量と銅に化合する酸素の質量の比はいくらになるか。次の**ア**から**コ**の中から最も適当なものを一つ選べ。

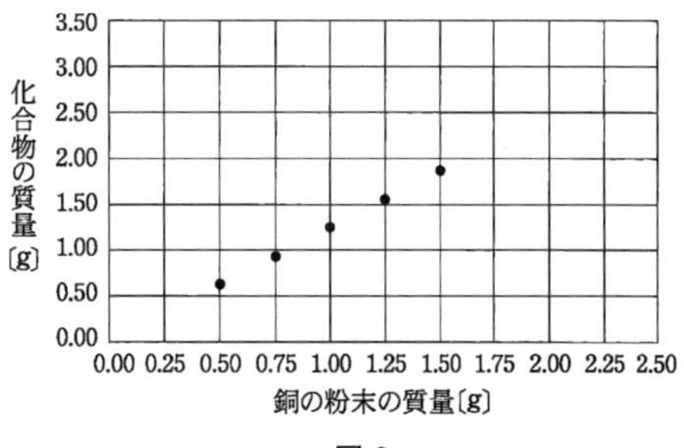

図2

ア　2：1　　**イ**　3：1　　**ウ**　3：2　　**エ**　4：1　　**オ**　4：5

カ　5：1　　**キ**　5：3　　**ク**　5：4　　**ケ**　6：1　　**コ**　6：5

問 2　問 1 の実験をもう一度行った際に，赤茶色の銅の粉末ではなく，間違って空気中に放置してあった一部が黒ずんだ銅の粉末を使ってしまった。その実験結果をまとめたものが次の**表 2** である。下の 1，2 に答えよ。

表 2

		1 班	2 班	3 班	4 班	5 班
加熱前		35.00	34.35	36.10	35.25	35.00
加熱後	1 回目	35.07	34.45	36.23	35.42	35.20
	2 回目	35.09	34.49	36.28	35.48	35.27
	3 回目	35.10	34.49	36.29	35.49	35.29
	4 回目	35.10	34.50	36.30	35.50	35.30
	5 回目	35.10	34.50	36.30	35.50	35.30

単位〔g〕

1　この実験で，一部が黒ずんだ銅の粉末の質量と化合した酸素の質量の比はいくらか。次の**ア**から**コ**の中から最も適当なものを一つ選べ。

ア　2：1　　**イ**　3：1　　**ウ**　3：2　　**エ**　4：1　　**オ**　4：5
カ　5：1　　**キ**　5：3　　**ク**　5：4　　**ケ**　6：1　　**コ**　6：5

2　黒ずんだ銅の粉末は，銅の粉末の一部が酸素とすでに化合してしまっていたと考えられる。この黒ずんだ銅の粉末の質量の何％が酸素とすでに化合していたか。次の**ア**から**コ**の中から最も適当なものを一つ選べ。

ア　5％　　**イ**　10％　　**ウ**　15％　　**エ**　20％　　**オ**　25％
カ　30％　　**キ**　35％　　**ク**　40％　　**ケ**　45％　　**コ**　50％

5 **図1**はある地域の地形図であり，図中の曲線は等高線を示している。この地域の様々な標高にある地点Aから地点Dで地面を掘ってボーリング調査（地下に穴を掘って地層の重なり具合を調べる作業）をした。調査の結果からわかった地点Aから地点Dでの堆積物の重なり方を**図2**の柱状図に示した。これらの堆積物は種類の違いからX層，Y層，Z層に分類することができた。なお，この地域ではしゅう曲や断層がないことがわかっている。下の問1から問3に答えよ。

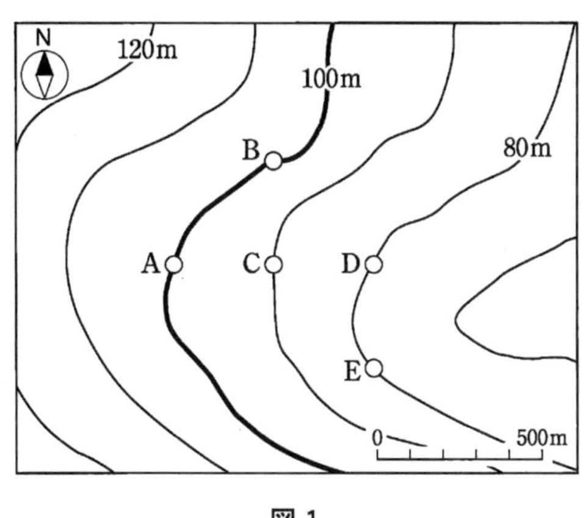

図1

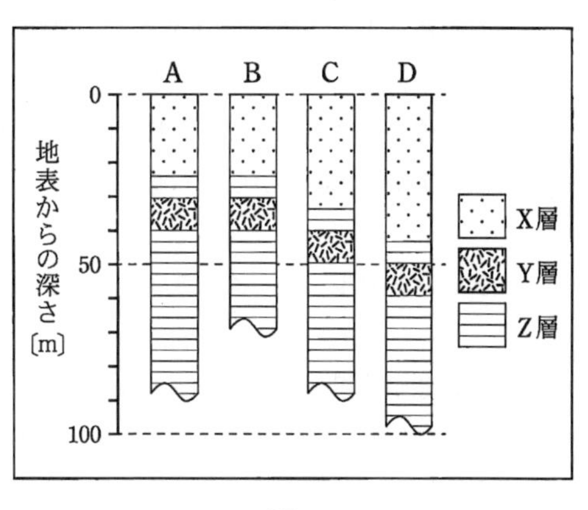

図2

問1　近くにX層を直接観察できる場所があり，そこから恐竜（きょうりゅう）の化石が発見された。専門家が詳しく調べたところ，この化石はX層が堆積した当時に生きていたことがわかった。X層はどの<u>時代</u>に堆積した地層か。次の**ア**から**オ**の中から一つ選べ。また，同じ時代に生きていた<u>生物</u>はどれか。次の**カ**から**コ**の中から一つ選べ。

ア　古生代　　**イ**　中生代　　**ウ**　新生代古第三紀
エ　新生代新第三紀　　**オ**　新生代第四紀
カ　マンモスやナウマンゾウ　　**キ**　フズリナ　　**ク**　三葉虫（さんようちゅう）
ケ　ビカリア　　**コ**　アンモナイト

問2　Y層はある時代に火山が噴火して堆積した火山灰の層であり，すべての地点で含まれる鉱物の特徴も一致していた。このような火山灰の層は，同じ時に広範囲にわたって堆積したものであり，距離が離れている場所でも同じ時代に堆積した地層を探すための良い目印となる。このY層はどちらの方角に傾いているか。次の**ア**から**オ**の中から最も適当なものを一つ選べ。

ア　北　　**イ**　北東　　**ウ**　東　　**エ**　南東　　**オ**　南

問3　新たに地点Eでボーリング調査をした場合，<u>地表から約何mの深さ</u>でY層にたどりつくと予想できるか。次の**ア**から**ク**の中から最も適当なものを一つ選べ。

ア　約10m　　**イ**　約20m　　**ウ**　約30m　　**エ**　約40m
オ　約50m　　**カ**　約60m　　**キ**　約70m　　**ク**　約80m

6 次の問１から問４に答えよ。

問１　古代オリンピックで最初に行われていた競技は，“スタディオン”という長さを走るものだったとされている。“スタディオン”は，次のようにして決められていた。

「“１スタディオン”とは，太陽がその直径分を移動する間に，普通の人が(一定の速さで)歩く距離とする。」なお，「太陽がその直径分を移動する間」とは，太陽がちょうど一つ分移動するように見えるまでにかかる時間のことである。

単位の決め方として，これと同じように，ある時間とある速さをもとに決められた単位を，次の**ア**から**オ**の中から最も適当なものを一つ選べ。

ア　パスカル　　**イ**　震度　　**ウ**　マグニチュード　　**エ**　光年　　**オ**　ヘルツ

問２　地球から観測できる天体のうち，恒星(太陽を除く)，金星，彗(すい)星についてそれぞれ，次の三つの項目，自ら光を出して光っているか，満ち欠けをするか，見かけの大きさが変化するか，について調べてみた。その結果を下の表にまとめた。表の空欄の**ア**から**オ**について，正しければ　1　を，間違っていれば　2　をそれぞれ選べ。

	自ら光を出して光っている	満ち欠けをする	見かけの大きさが変化する
恒星			**ア**
金星	**イ**	**ウ**	**エ**
彗星	**オ**		

問３　底がほぼ平らな雲のでき方を考えてみた。次の模式図で示すように，雨の降っていない雲を横から見るとき“雲の底は平らである”ことが多い。

このことについて雲のできるしくみと関係した，次ページの図と説明をよく読んで，この説明として最も適当なものを，次ページの**ア**から**エ**の中から一つ選べ。

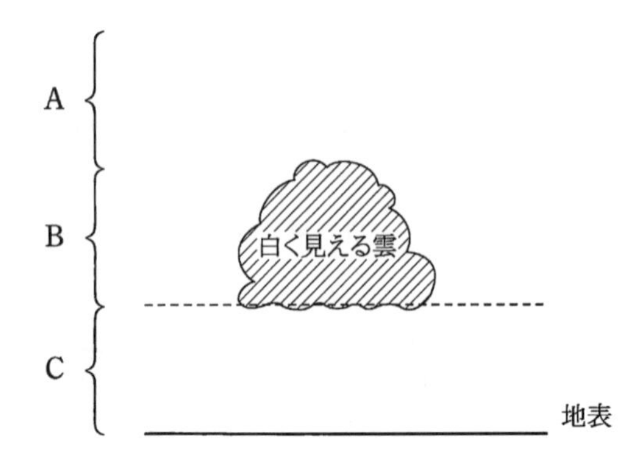

ア
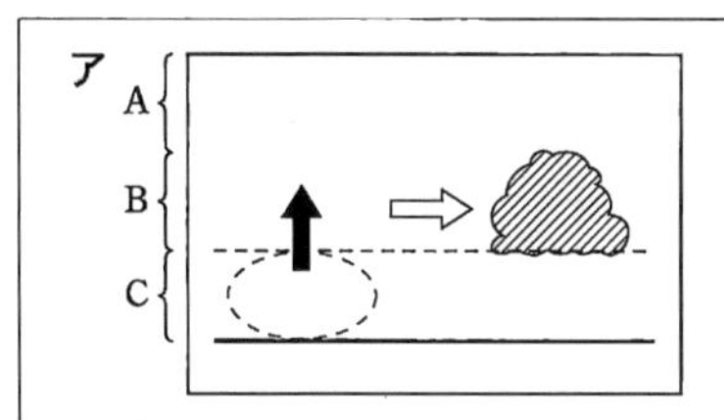

Cにあった水蒸気が，Bに運ばれて異なる状態に変化したので，点線より上が白く見えるようになった。

イ
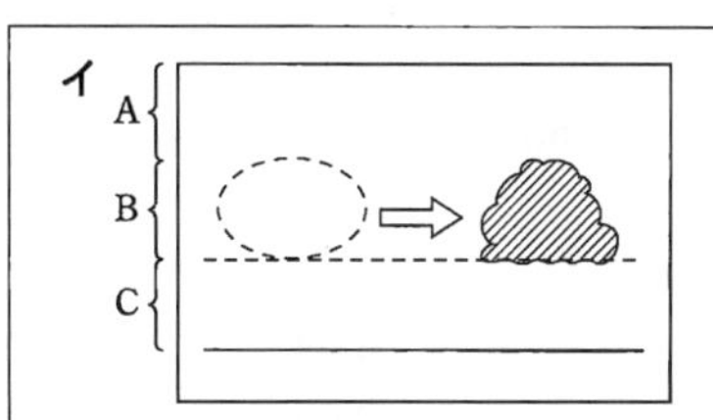

Bにあった水蒸気が，気温が上がったために，その高さで状態が変化したので，点線より上が白く見えるようになった。

ウ
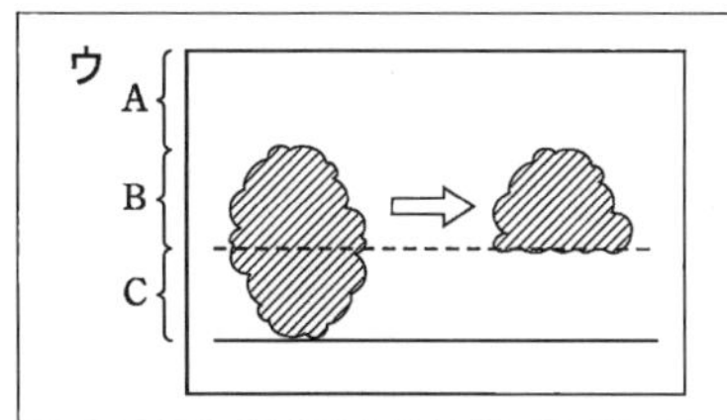

B，Cにあった水滴や氷の粒が，Cの気温が下がったために，Cの状態が変化したので，点線より下が白くは見えなくなった。

エ
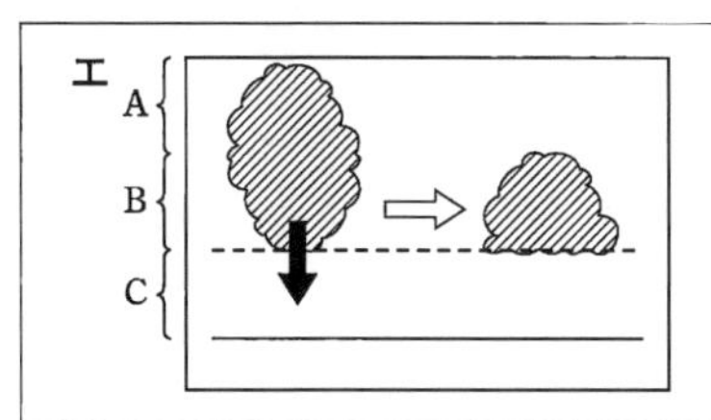

A，Bにあった水滴や氷の粒が，B，Cまで運ばれてCの気温が下がったために，Cの状態が変化したので，点線より下が白くは見えなくなった。

問4　日食の始まりから終わりまでに，地球から観測できそうな現象を順番に並べた。次の**ア**から**オ**のそれぞれについて，条件が良ければ観測できる現象が並べてある場合は　1　を，条件が良くても観測ができない現象が並べてある場合は　2　をそれぞれ選べ。

ア　日食の始まり → 部分食 → 皆既日食 → 部分食 → 日食の終わり

イ　日食の始まり → 部分食 → 金環食 → 皆既日食 → 金環食 → 部分食 → 日食の終わり

ウ　日食の始まり → 部分食 → 皆既日食 → 金環食 → 皆既日食 → 部分食 → 日食の終わり

エ　日食の始まり → 部分食 → 日食の終わり

オ　日食の始まり → 部分食 → 金環食 → 部分食 → 日食の終わり

7 植物の葉をつみ取って広口びんの中に入れ，ガラス管のついたゴムせんをし，アルミニウムはくでびん全体をおおい，図１のような装置を組み立てた。数時間放置した後，水流ポンプでゆっくり空気を引いた。ただし，つみ取った植物の葉は数時間後もつみ取る前と同様のはたらきをするものとし，BTB溶液は緑色に調整したものを用いた。

これについて，下の問１，問２に答えよ。

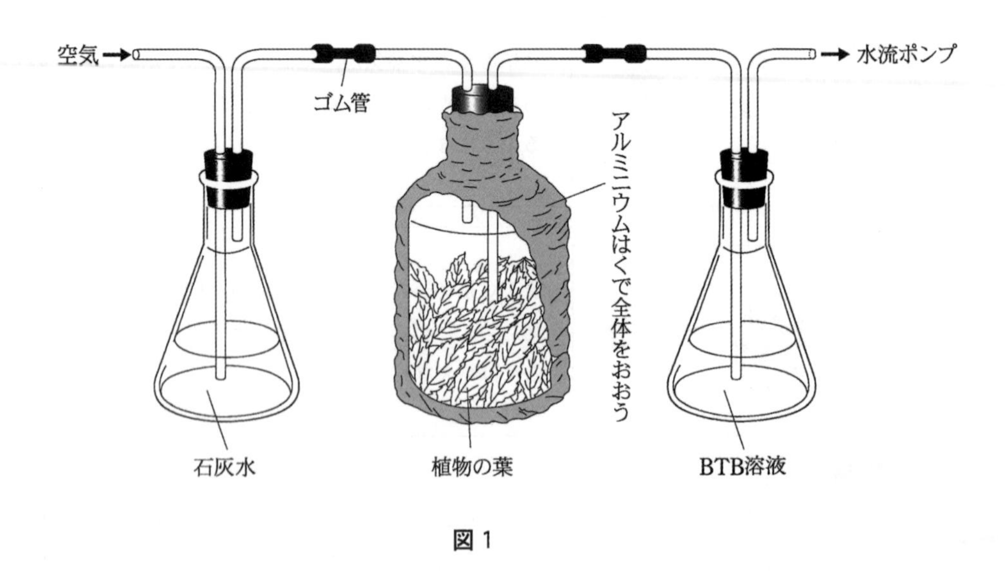

図１

問１　実験の結果，石灰水の色は変化しなかった。BTB溶液はどのようになったか。次の**ア**から**オ**の中から最も適当なものを一つ選べ。

ア　緑色のまま変化しない。　**イ**　緑色の色が濃くなる。　**ウ**　青色に変化する。
エ　黄色に変化する。　**オ**　赤色に変化する。

問２　BTB溶液が問１のようになったのはなぜか。次の**ア**から**カ**の中から最も適当なものを一つ選べ。

ア　大気中に含まれていた二酸化炭素に反応したから。
イ　植物の葉が呼吸し，二酸化炭素の量が増えたから。
ウ　植物の葉が呼吸し，酸素の量が減ったから。
エ　植物の葉が光合成し，二酸化炭素の量が減ったから。
オ　植物の葉が光合成し，酸素の量が増えたから。
カ　植物の葉が蒸散し，水蒸気の量が増えたから。

別の日に，同じ植物の葉をつみ取って広口びんの中に入れ，ガラス管のついたゴムせんをし，アルミニウムはくでおおわず，**図2**のような装置を組み立てた。光がよく当たる場所に数時間放置した後，水流ポンプでゆっくり空気を引いた。ただし，つみ取った植物の葉は数時間後もつみ取る前と同様のはたらきをするものとし，BTB 溶液は青色に調整したものを用いた。

これについて，下の問 3，問 4 に答えよ。

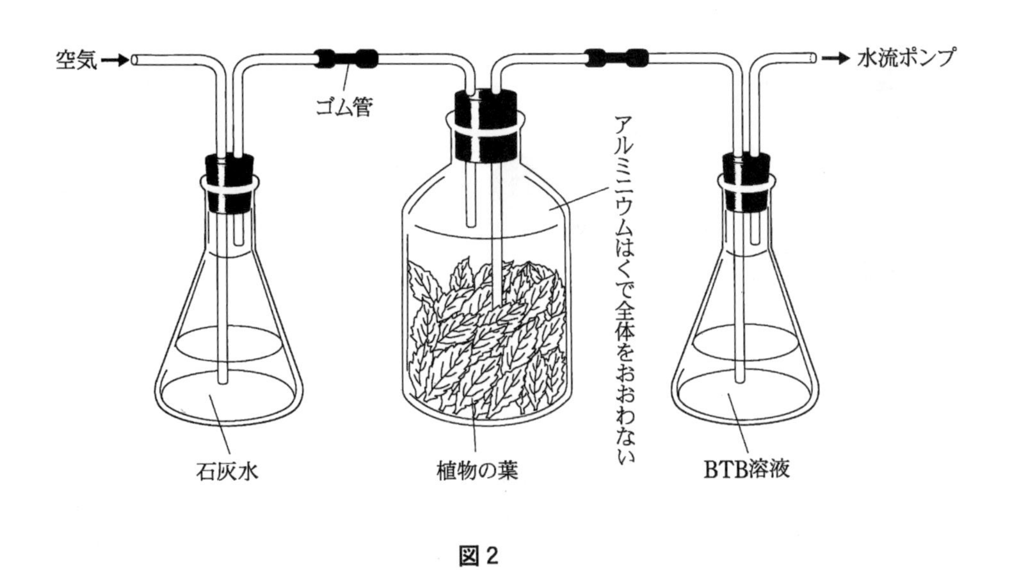

図2

問 3　広口びんの中にある次の 1 から 3 の三つの気体の量は，光を当てる前と光を十分に当てた後で，どのように変化するか。それぞれ，次の**ア**から**ウ**の中から最も適当なものを一つずつ選べ。

1　酸素　　2　二酸化炭素　　3　窒素

ア　減る　　**イ**　増える　　**ウ**　変化しない

問 4　水流ポンプでゆっくり空気を引いた後，石灰水と BTB 溶液はどのように変化するか。次の**ア**から**エ**の中から最も適当なものを一つ選べ。

ア　石灰水は白くにごり，BTB 溶液の色は変化しない。
イ　石灰水は白くにごり，BTB 溶液は緑色または黄色に変化する。
ウ　石灰水の色は変化しないが，BTB 溶液は緑色または黄色に変化する。
エ　石灰水もBTB 溶液も，どちらも色は変化しない。

8 次の図は，アフリカツメガエルの発生と，アフリカツメガエルを用いた1960年代に発表されたガードン博士の実験を参考にした核の移植実験を表したものである。ガードン博士はこの研究によって2012年にノーベル賞を受賞した。

図を説明する下の文章を読み，あとの問1から問3に答えよ。なお，図中のアルファベットと文中のアルファベットは同じものを指す。

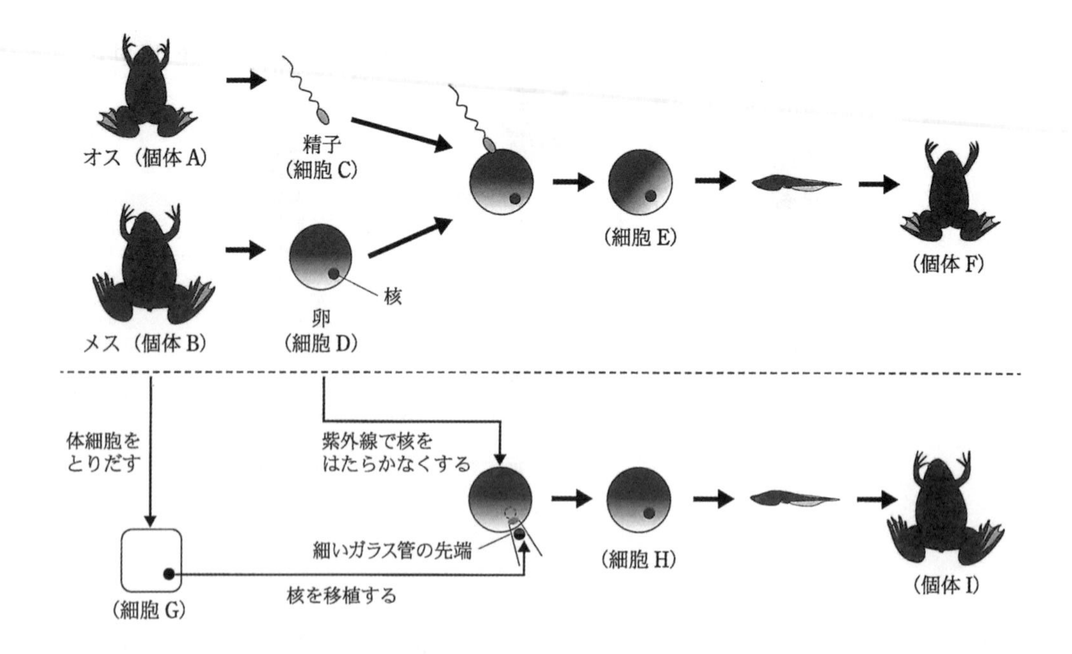

アフリカツメガエルにはオス(個体Ａ)とメス(個体Ｂ)がある。オスからは精子(細胞Ｃ)，メスからは卵(細胞Ｄ)という(　1　)がつくられる。精子と卵が(　2　)をすると精子の核と卵の核が合体することで(　3　)(細胞Ｅ)が形成される。(　3　)は(　4　)分裂を繰り返し，成体(個体Ｆ)になる。この過程を発生という。

遺伝子は細胞の核にある染色体に含まれている。核の移植実験は，まず，紫外線を用いることで個体Ｂから得た卵の核をはたらかなくした。次に，個体Ｂからとりだした体細胞(細胞Ｇ)の核を，核がはたらかなくなった卵に移植し細胞Ｈができた。核を移植された細胞Ｈは正常に発生をして個体Ｉとなった。この実験から，受精卵以外の形やはたらきが違う体細胞であっても，受精卵と同じように個体に必要なすべての遺伝情報を持っていることが示された。

問1　文章中の空欄(　1　)から(　4　)に当てはまる言葉を，次の**ア**から**カ**の中から一つずつ選べ。

ア　受精卵　　**イ**　体細胞　　**ウ**　生殖細胞　　**エ**　減数
オ　受精　　**カ**　核

問2　このアフリカツメガエルの染色体の本数は36本である。それぞれの細胞や個体が持つ染色体の本数の組み合わせが最も適当なものはどれか。次の表の**ア**から**オ**の中から一つ選べ。

	ア	イ	ウ	エ	オ
個体B	36	36	36	36	36
細胞C	18	36	18	18	18
細胞D	18	36	18	36	18
細胞E	36	36	36	18	18
細胞H	18	36	36	36	18

問3　持っている遺伝子がまったく同じ(クローン)である個体と細胞はどれか。図中のAからIの中からすべて挙げているものを，次の**ア**から**コ**の中から一つ選べ。

ア　AとC　　**イ**　BとG　　**ウ**　AとF　　**エ**　BとD
オ　BとGとH　　**カ**　AとEとF　　**キ**　BとEとF
ク　AとDとEとF　　**ケ**　BとGとHとI　　**コ**　BとDとEとF

1　次の問1から問3に答えよ。

問1　砂糖80gを水に溶かして，400gの砂糖水をつくった。次の1，2に答えよ。

1　この砂糖水の質量パーセント濃度は何%か。次の**ア**から**オ**の中から最も適当なものを一つ選べ。

ア　17%　　**イ**　20%　　**ウ**　25%　　**エ**　34%　　**オ**　40%

2　この砂糖水の質量パーセント濃度を10%にするためには，水をあと何g加えるとよいか。次の**ア**から**オ**の中から最も適当なものを一つ選べ。

ア　100g　　**イ**　400g　　**ウ**　420g　　**エ**　480g　　**オ**　800g

問2　次の表は20℃における金属1 cm^3 の質量とその状態を表している。下の1，2に答えよ。

金　属	鉄	銅	アルミニウム	水銀	鉛	金
質量[g]	7.87	8.96	2.70	13.55	11.35	19.32
状　態	固体	固体	固体	液体	固体	固体

1　体積が20 cm^3，質量が157.4gの物質がある。この物質は上の表に示した金属のどれか。次の**ア**から**カ**の中から最も適当なものを一つ選べ。

ア　鉄　　**イ**　銅　　**ウ**　アルミニウム
エ　水銀　　**オ**　鉛　　**カ**　金

2　次の(1)から(3)のように二つの異なった金属を組み合わせて，ひもで結んで一つのかたまりにした。それらを20℃の水銀に入れたとき，浮く金属の組み合わせはいくつあるか。下の**ア**から**エ**の中から最も適当なものを一つ選べ。ただし，ひもの質量，体積は無視する。

(1)　鉄12 cm^3 と銅8 cm^3
(2)　鉄18 cm^3 と鉛20 cm^3
(3)　アルミニウム10 cm^3 と金10 cm^3

ア　0組　　**イ**　1組　　**ウ**　2組　　**エ**　3組

問 3　マグネシウム粉末 2.4 g をステンレス皿にとり，加熱した。マグネシウムは激しく反応してすべて酸化され，酸化マグネシウムが生じた。反応によって生じた酸化マグネシウムの質量は 4.0 g であった。これと同様にして酸化マグネシウム 10.0 g を得るのに必要なマグネシウムは何 g か。小数第 2 位を四捨五入して小数第 1 位まで答えよ。　ア . イ g

2　下図に示すような装置を用いて，次の**実験 1** から**実験 4** を行った。どの実験でも電極は溶け出さなかったものとして，下の問 1 から問 4 に答えよ。

実験 1　精製水をビーカーに入れて，6 V の電圧をかけたところ，電流計の針は動かず，電極のまわりに変化は観察されなかった。

実験 2　5 % 水酸化ナトリウム水溶液をビーカーに入れて，6 V の電圧をかけたところ，電流計の針が動いた。

実験 3　5 % 塩酸をビーカーに入れて，6 V の電圧をかけたところ，電流計の針が動いた。

実験 4　5 % 塩酸と 5 % 水酸化ナトリウム水溶液を混合し，pH を 7.0 にした液体をビーカーに入れて，6 V の電圧をかけた。

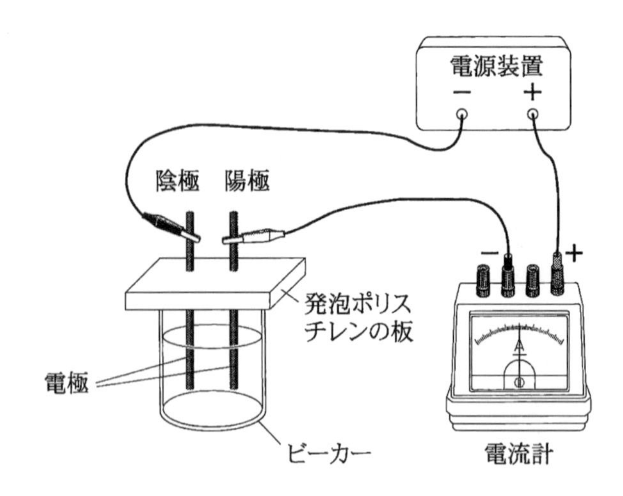

問 1　**実験 2** と**実験 3** を行ったところ，どちらの実験でも電流計の針が動いたので，水溶液中を電流が流れることが分かった。水溶液中を電流が流れる原因は何か。次の**ア**から**エ**の中から最も適当なもの一つ選べ。

ア　溶質が電気分解する。

イ　溶媒が電気分解する。

ウ　溶質が中和される。

エ　溶質が電離している。

問 2　**実験 2** を行ったところ，陽極と陰極の両方から気体が発生した。発生した気体の性質として正しいものはどれか。次の**ア**から**エ**の中から二つ選べ。

ア　陽極から発生した気体はよく燃える。

イ　陽極から発生した気体にはものを燃やすはたらきがある。

ウ　陰極から発生した気体はよく燃える。

エ　陰極から発生した気体にはものを燃やすはたらきがある。

問 3　**実験 3** を行ったところ，陽極と陰極の両方から気体が発生した。発生した気体の説明として正しいものはどれか。次の**ア**から**エ**の中から二つ選べ。

ア　陽極から発生した気体は，**実験 2** で陽極から発生した気体と同じものである。

イ　陽極から発生した気体は，**実験 2** で陽極から発生した気体とは違うものである。

ウ　陰極から発生した気体は，**実験 2** で陰極から発生した気体と同じものである。

エ　陰極から発生した気体は，**実験 2** で陰極から発生した気体とは違うものである。

問 4　**実験 4** を行ったところ，どのような結果が観察されたか。次の**ア**から**ウ**の中から最も適当なものを一つ選べ。

ア　電圧をかけると電流計の針が動いた。

イ　電圧をかけても電流計の針は動かなかった。

ウ　電圧をかける前から電流計の針が動いていた。

3 物体の自由落下運動と物体を一定の速さで引き上げたときの運動について調べた。次の問1と問2に答えよ。ただし，この実験において空気抵抗やまさつは考えなくてよい。

問1　斜面におかれた物体の運動において斜面の角度を90°にしたとき，その物体は自由落下運動をする。**図1**のように記録タイマーを用いて，ある質量のおもりの運動の様子を測定した。**図2**は，その結果を示す記録テープの一部分である。記録タイマーの打点間隔は0.1秒である。次の1から3に答えよ。

1　**図2**の打点**A**から打点**B**の区間における平均の速さはいくらか。次の**ア**から**キ**の中から最も適当なものを一つ選べ。

ア　0.40 cm/s　**イ**　2.0 cm/s　**ウ**　4.0 cm/s　**エ**　6.7 cm/s
オ　8.0 cm/s　**カ**　24 cm/s　**キ**　40 cm/s

2　**図2**の打点**B**から打点**C**の区間の平均の速さと打点**C**から打点**D**の区間の平均の速さを比べたとき，それらの平均の速さの変化はいくらか。次の**ア**から**キ**の中から最も適当なものを一つ選べ。

ア　114 cm/s　**イ**　95 cm/s　**ウ**　76 cm/s　**エ**　48 cm/s
オ　38 cm/s　**カ**　19 cm/s　**キ**　10 cm/s

3　**図2**の結果から，おもりの運動の様子が一定の割合で変化すると考えたとき，打点**D**から打点**D**の次に打たれた打点までの長さはいくらか。次の**ア**から**キ**の中から最も適当なものを一つ選べ。

ア　35.0 cm　**イ**　34.5 cm　**ウ**　34.0 cm　**エ**　33.5 cm
オ　33.0 cm　**カ**　32.5 cm　**キ**　32.0 cm

問2　**図3**のように，質量200 gのおもりを一定の速さで真上に引き上げているときの運動の様子を測定した。**図4**は，その結果を示す記録テープの一部分である。記録タイマーの打点間隔は0.1秒である。次の1と2に答えよ。

1　**図4**の記録テープに等しい間隔で打点が記録されている区間**XY**での運動では，おもりを一定の力で引き上げていると考えられる。おもりにはたらく合力の大きさはいくらか。次の**ア**から**キ**の中から最も適当なものを一つ選べ。ただし，質量100 gのおもりにはたらく重力の大きさを1.0 Nとする。

ア　0 N　**イ**　1.0 N　**ウ**　2.0 N　**エ**　3.0 N
オ　4.0 N　**カ**　5.0 N　**キ**　6.0 N

2　**図4**の打点**X**から打点**Y**の区間において，引き上げる一定の力によっておもりに仕事がされた。そのときの仕事率はいくらか。次の**ア**から**コ**の中から最も適当なものを一つ選べ。

ア	1.5 J	**イ**	1.5 W	**ウ**	3.0 J	**エ**	3.0 W	**オ**	30 J
カ	30 W	**キ**	150 J	**ク**	150 W	**ケ**	300 J	**コ**	300 W

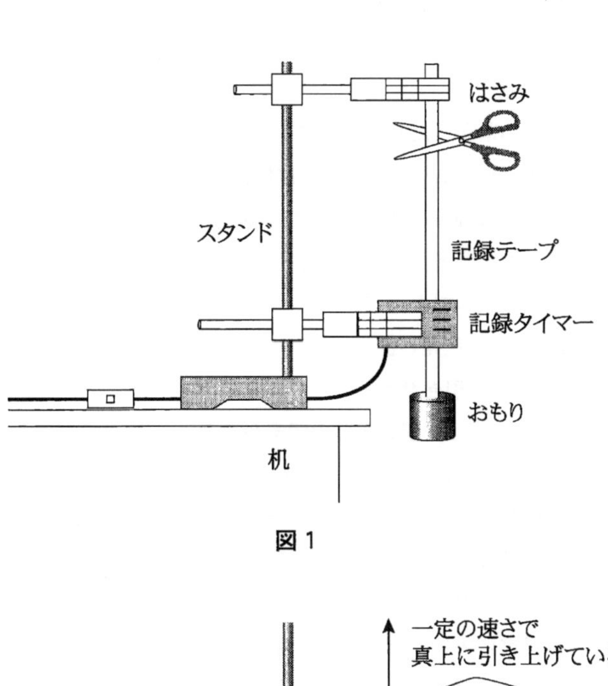

図1

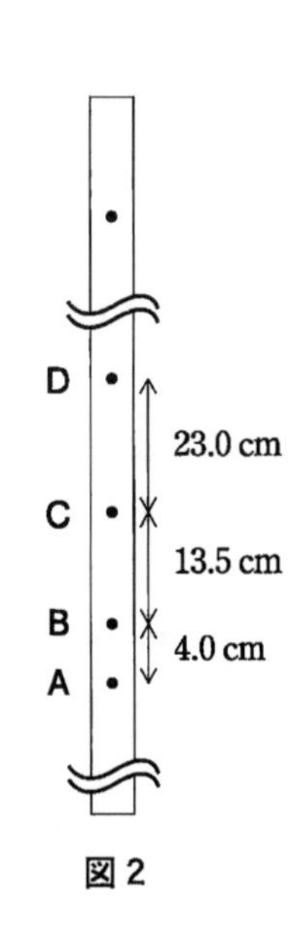

図2

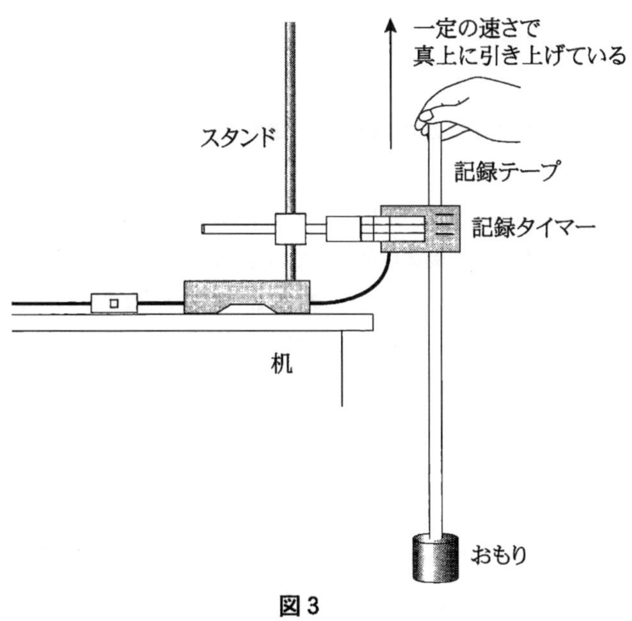

図3

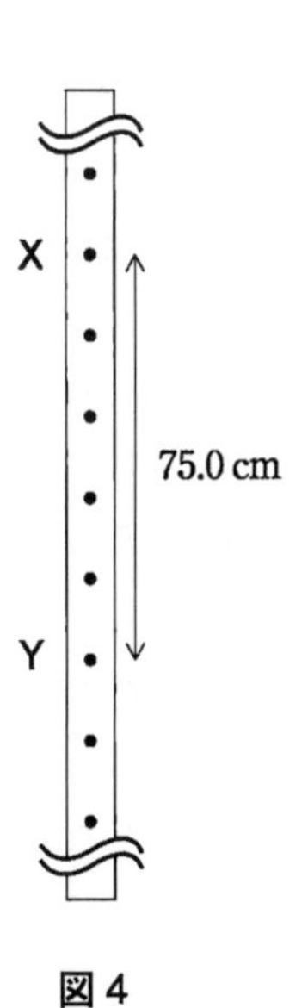

図4

4 静電気の勉強をしたばかりの中学生の弟が，高専生の姉に仮説を提案し，一緒に実験をすることにした。あとの問1から問4に答えよ。なお，物体が静電気を帯びることを帯電という。

弟「今日は，教科書にあった静電気の実験をやったよ。静電気は見えないし，役に立ちそうもないと思っていたんだ。でも，小惑星探査機はやぶさ2のイオンエンジンは，静電気の力で飛んでいるんだって。がぜんやる気が出ちゃった。」

弟「教科書の静電気の実験は，面白かったな。ストローをティッシュペーパーでこすり，このとき働く力を調べるんだ。すると，ストローやティッシュペーパーについている電気は見えないのに，ストローとティッシュペーパーに静電気がついていることや，その符合が違うことまで実験で分かっちゃうんだ。」

弟「それで，教科書には書いていなかったすごい仮説を思いついたんだ。」

仮説 “ストローでこすられたティッシュペーパー同士は反発し合う。”

そこで，姉に手伝ってもらってこの仮説の検証をしてみることにした。

姉「まず，いま分かっていることを整理しましょう。」

弟「教科書に書いてあるのは次の三つだよ。」

A 同符号の電気を帯びた物体は反発し合う。

B 異符号の電気を帯びた物体は引き合う。

C 帯電していない物体には，等しい量の正負の電気がある。

姉「そう，Cは大切よ。つまり，電気は突然生じたり消えたりするわけじゃなくて，普段は正と負の電気が等しい量あって中性になっているの。ところが，一方の電気が他方の物体に移動してしまうと，残った分が逆の符号の電気として現れると勉強したでしょ。」

姉「ところで，帯電していないもの同士に力が働くのかな。」

弟「そんなことはわざわざ教科書に書いてないけど，身の回りのことを考えればもちろん次のように考えてもいいんじゃないかな。」

D 帯電していない物体同士に電気の力は働かず，電気の力が働かないときには帯電していない。

姉「そうね，帯電していないもの同士は，引力も反発力も働かないと認めてよいと思うわ。電気の力が働かなければ，それぞれの物体は帯電していないと考えてもいいでしょうね。」

姉「じゃあ，帯電しているものと帯電していないものでは，電気の力は働くのかな。」

弟「えっ，そんなの勉強していないよ。教科書にも書いてないし。力は働かない気がするけど。」

姉「勝手に想像しないの。分からないことを分からないというのが，科学的な態度よ。」

弟「はーい。」

姉「じゃあ，あなたの仮説を検証してみましょう。教科書と同じやり方で実験するわよ。」

※物体には電気の力以外の力も働くので，引力と反発力の関係からだけではA～Dのようには言えないこともあるが，ここでは静電気の力だけを考えることとし，A～Dが正しいとして扱う。また，2物体をこすり合わせて生じる静電気の符号は，こすり合わせた物体ごとに決まった符号になるとする。

実験

教科書ではストローとティッシュペーパーで実験をしていたが，ティッシュペーパーでは柔らかすぎて扱いにくいので，この代わりにストローの入っていた紙袋を使うことにした。紙袋に入ったストローを袋から引き抜くと，ストローをティッシュペーパーでこすったのと同様の結果が得られることが分かっている。

1　**図1**のように，ストローの入った紙袋を片手で持ち，もう一方の手で持ったストローを前後させて紙袋とこすり，こすったストローや紙袋を電気を流さないゴムひもでそれぞれつるし，**図2**のようにする。

2　別のストローと紙袋を手で持ってこすり合わせ，これを**図3**(a)~(d)のようにつるしたストローや紙袋にそれぞれ近づけ，その動きを記録する。

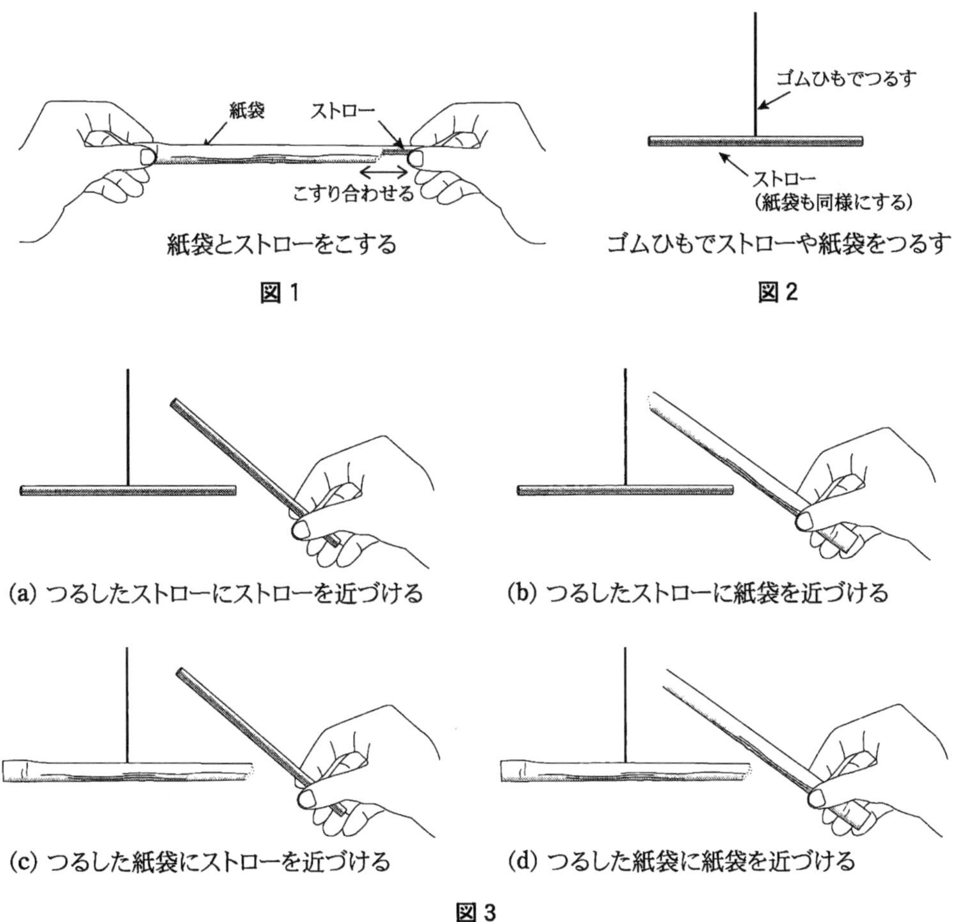

紙袋とストローをこする

図1

ゴムひもでストローや紙袋をつるす

図2

(a) つるしたストローにストローを近づける

(b) つるしたストローに紙袋を近づける

(c) つるした紙袋にストローを近づける

(d) つるした紙袋に紙袋を近づける

図3

実験結果

		近づけたもの	
		ストロー	紙　袋
つるしたもの	ストロー	(a)　素早く離れた	(b)　ゆっくり近づいた
	紙　袋	(c)　ゆっくり近づいた	(d)　動かなかった

問１　この**実験結果**から，すでに分かっている知識Ａ，Ｂ，Ｃ，Ｄを用いた正しい判断はどれか。次の**ア**から**オ**の中から最も適当なものを一つ選べ。

ア　二つのストローは，ともに正に帯電している。
イ　二つのストローは，いずれも帯電していない。
ウ　二つの紙袋は，ともに負に帯電している。
エ　二つの紙袋は，いずれも帯電していない。
オ　ストローと紙袋は，ともに負に帯電している。

問２　この**実験結果**から，ストローと紙袋をこすり合わせた後，紙袋やストローに働く力を調べる時点では**“ストローだけが帯電し，紙袋は帯電していないという現象が生じた。”**と仮定してみた。

この様な現象が生じた原因はどれか。次の**ア**から**エ**の中から最も適当なものを一つ選べ。なお，すでに分かっている知識Ａ，Ｂ，Ｃ，Ｄを用いて判断するとし，ストローと紙袋をこすり合わせる前はいずれも帯電していないことが確認されている。

ア　ストローを紙袋とこすり合わせている時に，ある符号の電気がストローにだけ生じ，紙袋には生じない。
イ　こすり合わせた時は，ストローと紙袋間で電気の移動があり，それぞれが異符号に帯電したが，すぐに紙袋の電気だけがストロー以外のどこかに逃げてしまった。
ウ　ストローを紙袋でこすると，ある符号の電気だけが紙袋にだけ生じストローには生じない。この後ただちに，紙袋からストローに帯電した電気がすべて移動した。
エ　こすり合わせた時は，それぞれが異符号に帯電したが，すぐに紙袋の電気がストローに移ってしまい，ストローの静電気だけが残った。

問 3　紙袋に働く力を調べる時点では紙袋が帯電していないと考えた場合，**“ストローとこすった直後の紙袋は帯電していたが，紙袋から手を通して電流が流れてしまったため，紙袋は結果的に帯電していなかった。”**と仮説を立てた。これを確かめるには，少しの電流も流れないようにして実験をすればよいと考えた。ゴム手袋は，きわめて電気抵抗が大きいので，ゴム手袋を着けて**図 3**(a)～(d)と同様な実験をすることにした。この仮説が正しいと検証されるのは，次のどの結果が得られた場合か。次の**ア**から**オ**の中から最も適当なものを一つ選べ。

ア　紙袋同士で動きが見られなかった。

イ　紙袋同士が近づいた。

ウ　紙袋同士が離れた。

エ　ストローと紙袋が離れた。

オ　ストローと紙袋で，動きが見られなかった。

問 4　静電気がストローと紙袋間だけで移動している限り，正と負の電気の量が等しいことを示したい。初め帯電していない紙袋入りストローを 2 組用い，ゴム手袋を着けてこの検証実験をする。

ストローを紙袋から引き抜いたのち，どのような実験をし，どのような結果が得られればよいか。次の**ア**から**エ**の中から最も適当なものを一つ選べ。

ア　紙袋同士，ストロー同士の場合は互いに反発し，紙袋とストローでは引き合うことを確認する。続いて，ストローをもとの袋に入れ，ストローの入ったそれぞれの紙袋を近づけても，力が働かないことを確認する。

イ　紙袋同士，ストロー同士の場合はお互いに引き合い，紙袋とストローでは反発することを確認する。続いて，ストローをもとの袋に入れてそれぞれを近づけても，力が働かないことを確認する。

ウ　紙袋同士，ストロー同士，紙袋とストローのいずれでも力が働かないことを確認する。続いて，ストローをもとの袋に入れてそれぞれを近づけると，互いに引き合うことを確認する。

エ　紙袋同士，ストロー同士，紙袋とストローのいずれでも力が働かないことを確認する。続いて，ストローをもとの袋に入れてそれぞれを近づけると，互いに反発することを確認する。

弟 「かなり分かってきたけど，はじめの実験でストローに紙袋が引きつけられた仕組みが，分からなくなっちゃった。」

姉 「帯電していない紙片や髪の毛に，帯電している下敷きを近づけると，紙片や髪の毛が引き寄せられる現象は，よく見るでしょ。あれと同じなの。詳しくは，高専に入学すると分かるわよ。」

5 次の文章を読んで，下の問1から問3に答えよ。

生物には，生きていく上で必要な物質を体外から取り入れて体全体の細胞に運んだり，体内でできた物質を体外へ排出したりするしくみが備わっている。

例えば，陸上生活する被子植物では，土の中に含まれている水や肥料分を根から取り入れ，道管を通って茎や葉などの器官に運んでいる。また，ヒトなどのセキツイ動物では，消化のはたらきによってできた物質や呼吸によって体内に取り入れた物質は，血液の循環によって体全体の細胞に運ばれている。

問1　被子植物では，道管の中を物質が移動するためには，植物のあるはたらきが重要な役割を果たしている。このはたらきについて正しく述べているものを，次の**ア**から**エ**の中から一つ選べ。

ア　葉の気孔から，二酸化炭素が取り入れられ，酸素が排出される。
イ　葉の気孔から，酸素が取り入れられ，二酸化炭素が排出される。
ウ　葉の気孔から，水蒸気が取り入れられる。
エ　葉の気孔から，水蒸気が排出される。

問2　ヒトの体の中には，下の**ア**から**カ**のような器官があり，それらは血管によってつながっている。また，器官の中には，毛細血管がはりめぐらされている。

次の1，2に当てはまる器官を，下の**ア**から**カ**の中からそれぞれ二つずつ選べ。

1　体外にある物質を，血管内に取り入れる。
2　血液内にある物質を，体外へ排出する。

ア　脳　　**イ**　肺　　**ウ**　心　臓
エ　肝　臓　　**オ**　小　腸　　**カ**　腎　臓

問3　次の文について正しいものを，下の**ア**から**エ**の中から一つ選べ。

体中に細い管があり，その中を通る液体によって体全体に物質が運ばれている。また，その物質が移動する方向は決まっている。

ア　被子植物には当てはまるが，ヒトには当てはまらない。
イ　ヒトには当てはまるが，被子植物には当てはまらない。
ウ　被子植物にもヒトにも当てはまる。
エ　被子植物にもヒトにも当てはまらない。

6　6種類の動物AからFの特徴を次の表にまとめた。ただし，一部は空欄にしてある。これについて，下の問1から問3に答えよ。

動物名	卵の殻（から）の有無	呼吸のしかた	体温による分類
A	無	えら呼吸 → 肺呼吸*	
B	X	肺呼吸	変温動物
C	有	肺呼吸	恒温動物
D	無	えら呼吸	
E	—**	肺呼吸	
F	—**	肺呼吸	

*卵からかえった直後はえら呼吸で，成長すると肺呼吸になる。
**卵ではなく親と似た形の子を産む。

問1　次の1，2に答えよ。

1　表のBに当てはまる動物は何か。次の**ア**から**カ**の中から最も適当なものを一つ選べ。

ア　メダカ　　**イ**　ライオン　　**ウ**　シマウマ
エ　トノサマガエル　　**オ**　カメ　　**カ**　ハト

2　表のXに当てはまる語は何か。次の**ア**，**イ**の中から最も適当なものを一つ選べ。

ア　有　　**イ**　無

問2　表のA，Eはそれぞれ変温動物と恒温動物のうちどちらか。下の**ア**，**イ**の中から一つずつ選べ。

ア　変温動物　　**イ**　恒温動物

問3　表のEの動物は，Fの動物と比べて，自分の前にあるものとの距離がより正確に分かるような目のつき方をしている。Eの動物は何か。下の**ア**から**カ**の中から最も適当なものを一つ選べ。

ア　メダカ　　**イ**　ライオン　　**ウ**　シマウマ
エ　トノサマガエル　　**オ**　カメ　　**カ**　ハト

7 18 世紀にベンジャミン・フランクリンは次のように書いている。この文章に関係した下の問 1 から問 3 に答えよ。

「金曜日の夜 9 時ごろ，フィラデルフィアで月食が見られるはずであった。私はそれを観測するつもりであったが，7 時ごろ，例のごとく厚い雲とともに北東の強風をともなった“あらし”がやってきて，全天が曇ってしまった。ところが，郵便できたボストンの新聞に，同じ強風がボストン地区におよぼした影響の記事があった。それによると，ボストンはフィラデルフィアの北東約 650 キロメートルにあるにもかかわらず，月食の開始が，かの地ではよく観測できたとのことである。<u>私はまったくとまどった</u>。なぜなら，フィラデルフィアでは“あらし”は月食前にやってきたので私は観測できなかった。“あらし”は北東の方角からくる強風をともなっているのだから，フィラデルフィアの北東にある地域では，“あらし”は私の場所よりももっと早く始まるはずだからだ。私はこのことをボストン在住の兄弟に手紙で書いた。その返事によると，ボストンでは“あらし”はほぼ 11 時ごろまでにはこなかった。だから月食はよく観測できたとのことである。他の植民地(当時アメリカはまだいくつかの植民地にわかれていた)からの情報をすべて考え合わせて，北東にいくほど，“あらし”は遅く始まったことを発見した・・・・・」

(小倉義光著(1968 年)『大気の科学』NHK ブックス；から抜粋)

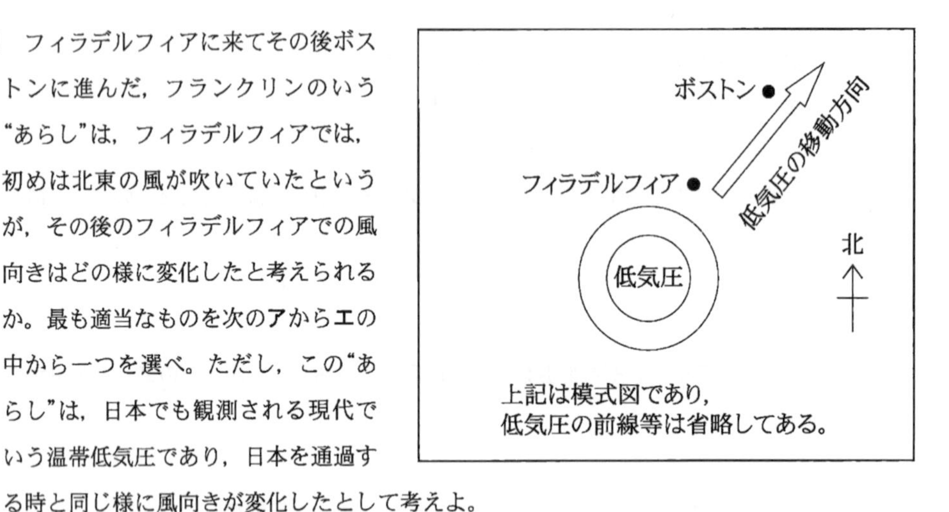

問 1　フィラデルフィアに来てその後ボストンに進んだ，フランクリンのいう“あらし”は，フィラデルフィアでは，初めは北東の風が吹いていたというが，その後のフィラデルフィアでの風向きはどの様に変化したと考えられるか。最も適当なものを次の**ア**から**エ**の中から一つを選べ。ただし，この“あらし”は，日本でも観測される現代でいう温帯低気圧であり，日本を通過する時と同じ様に風向きが変化したとして考えよ。

ア　風向は，北東の風のまま次第に風は収まり，“あらし”は去った。

イ　風向は，北東の風から東の方向へ，さらに南東の風に変化して吹いてから，“あらし”は去った。

ウ　風向は，北東の風から北の方向へ，さらに北西の風に変化して吹いてから，“あらし”は去った。

エ　風向は，北東の風から急に南東の風に変化してから，“あらし”は去った。

問 2　下の1，2に答えよ。

1　温帯低気圧の中心に向かって吹き込む地上を吹く風にはいろいろな方向があるが，温帯低気圧そのものは，どのような風によって動かされるのか。次の**ア**，**イ**のいずれか一つを選べ。

ア　上空(約 9 km 辺りの高度)の強い風によって移動する。
イ　地上付近の風によって移動する。

2　台風の進路が日本の南で，北西から北東へ大きく変化する。このことと関係していることは，次の**ア**，**イ**のどちらか，いずれか一つを選べ。

ア　台風による地上付近を吹く風の方向が時間とともに変化することが，大きく関係している。
イ　上空(約 9 km 辺りの高度)の強い風の流れと，小笠原気団(，太平洋高気圧)の位置に大きく関係している。

問 3　次の1，2に答えよ。

1　フランクリンの書いた文章には，月食の開始時刻と，“あらし”の到来時刻について，「私はまったくとまどった。」とある。そのことと関係のある，月食(月が地球の影(かげ)に入る現象)の性質について，正しいものは次の**ア**，**イ**のどちらか。いずれか一つを選べ。

ア　ボストンとフィラデルフィアでは，それぞれの場所で月が見えれば，月食の始まりは必ず，ほぼ同時に観測できるはずであった。
イ　ボストンとフィラデルフィアでは，それぞれの場所で月が見えても，月食の始まりは，ほぼ同時に観測できるとは限らなかった。

2　皆既日食(地球から見ると月が太陽に重なり太陽を隠す現象)について，正しいものは次の**ア**，**イ**のどちらか。いずれか一つを選べ。

ア　皆既日食のとき，地球の昼の部分にいる人はどこにいても，それぞれの場所で太陽が見えれば，皆既日食をほぼ同時に必ず観測できる。
イ　皆既日食のとき，地球の昼の部分にいる人はどこにいても，それぞれの場所で太陽が見えても，ほぼ同時に皆既日食を必ず観測できるとは限らない。

8 身のまわりの建造物などで使われている岩石を調べたところ，花こう岩，凝灰岩（ぎょうかいがん），石灰岩などが使われているのを見ることができた。これらの岩石について，次の問１から問３に答えよ。

問１　花こう岩の説明として正しいものを，次の**ア**から**カ**の中から三つ選べ。

ア　白っぽい鉱物が多く含まれている。
イ　黒っぽい鉱物が多く含まれている。
ウ　一つ一つの鉱物が肉眼で区別がつくほど大きく，同じくらいの大きさの鉱物が多いつくりをしている。
エ　肉眼では形が分からないほどの小さな粒の間に，比較的大きな粒の鉱物が散らばって見えるつくりをしている。
オ　マグマが地表付近で急速に冷えて固まった岩石である。
カ　マグマが地下の深いところでゆっくりと冷えて固まった岩石である。

問２　凝灰岩の厚い地層についていえることとして正しいものを，次の**ア**から**オ**の中から一つ選べ。

ア　等粒状組織の岩石でできている。
イ　海底で生物の死がいが堆積してできた。
ウ　堆積した当時，その場所は陸上であったことが分かる。
エ　堆積した当時，規模の大きな地震があったことが分かる。
オ　堆積した当時，規模の大きな火山噴火があったことが分かる。

問３　石灰岩にサンゴの化石が含まれていた。この石灰岩についていえることとして最も適当なものを，次の**ア**から**カ**の中から一つ選べ。

ア　うすい塩酸をかけると気体が発生するが，これは主に塩素である。
イ　うすい塩酸をかけると気体が発生するが，これは主に酸素である。
ウ　うすい塩酸をかけると気体が発生するが，これは主に水素である。
エ　浅い海で堆積したことが分かる。
オ　冷たい海で堆積したことが分かる。
カ　新生代新第三紀に堆積したことが分かる。

1　小さなリングをなめらかで変形しない針金に通し，リングがジェットコースターのようにすべる装置を作った。針金で作ったこのコースを真上から見ると，一直線に見える。**図 1** は，小さなリングがこの針金のコースをすべる様子の一部を，真横から見た図である。リングをある高さから静かに放すと，針金に沿って運動を始め，1.5 s 後に針金の終端から斜めに飛び出した。**図 2** は，針金に沿ってすべるリングの速さと時間との関係をグラフにしたものである。リングは針金に沿ってなめらかに運動し，まさつや空気抵抗は考えなくてよいものとする。下の問 1 から問 4 に答えよ。

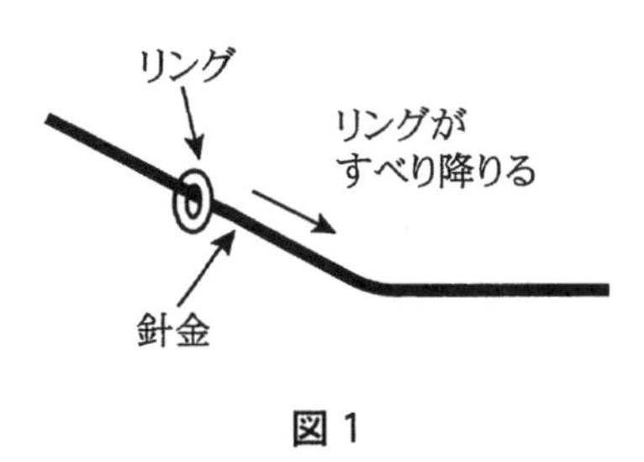

図 1

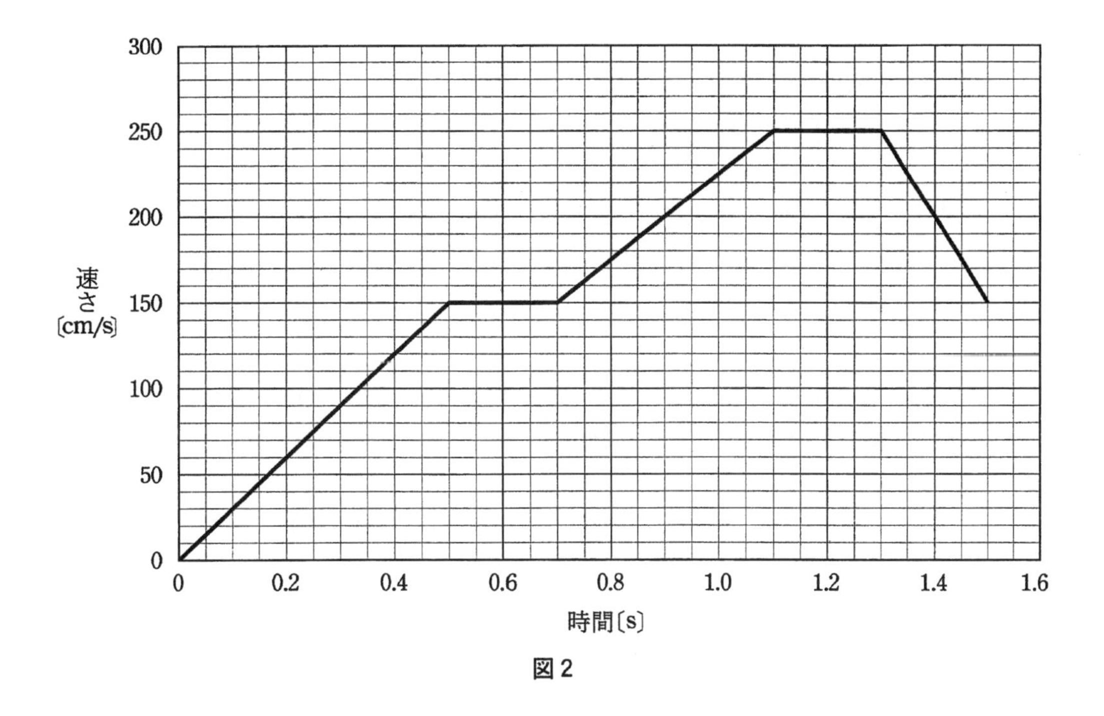

図 2

問 1　リングが 1.1 s から 1.2 s の間に移動した距離は何 cm か。

問 2　実験で使った針金の形はどれか。次の**ア**から**オ**の中から最も適当なものを一つ選び，その記号を書け。ただし，図の太い実線が，水平真横から見た針金の形を表し，リングの出発点は図の実線の左端，リングが飛び出すのは図の実線の右端である。

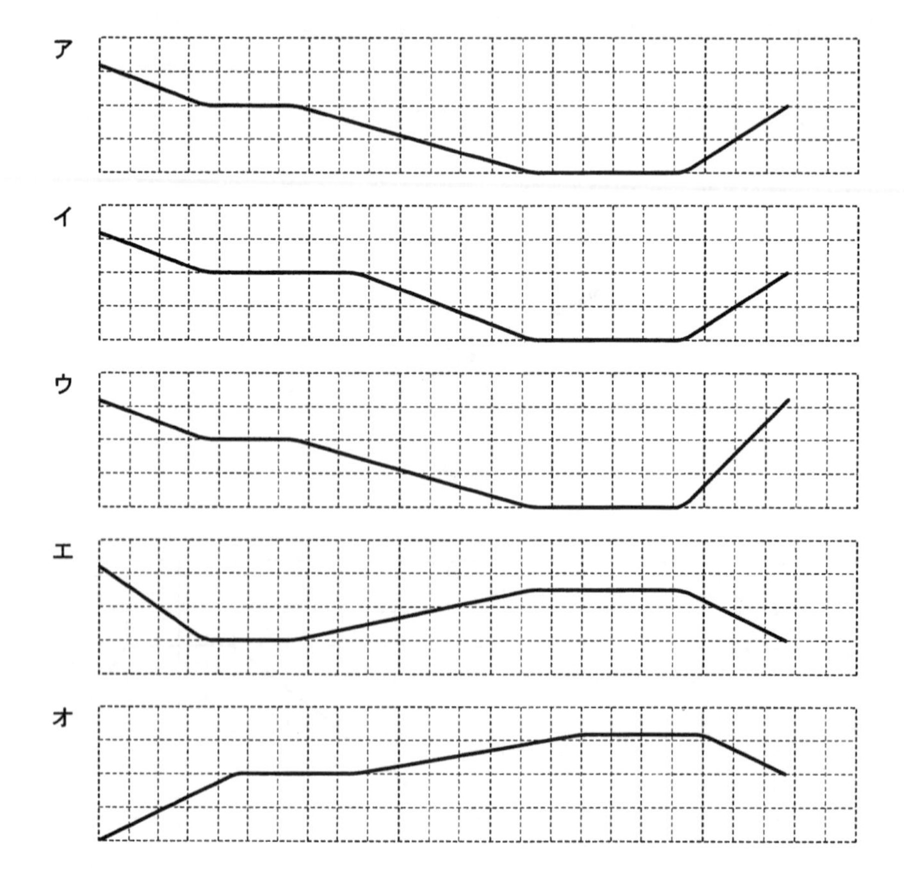

問 3　0.4 s から 0.7 s までのリングの平均の速さは何 cm/s か。次の**ア**から**オ**の中から最も適当なものを一つ選び，その記号を書け。

ア　130 cm/s　　**イ**　135 cm/s　　**ウ**　140 cm/s　　**エ**　145 cm/s　　**オ**　150 cm/s

問 4　この実験に関しての説明として正しいものはどれか。次の**ア**から**オ**の中から最も適当なものを一つ選び，その記号を書け。

ア　飛び出したリングは，すべりはじめと同じ高さまで上がる。
イ　ある高さを通過してから，0.5 s 後に同じ高さを通過することがある。
ウ　針金のコースが水平な部分は 2 か所あり，水平部の長さは等しい。
エ　リングの持つ重力による位置エネルギーが最小となる位置は，合計 80 cm の区間である。
オ　リングの進行方向に力がはたらかない瞬間があるが，0.1 s 以上続くことはない。

2 図1のように，抵抗が15Ωと30Ωの電熱線を，直流電源と直列につないだ回路Aと並列につないだ回路Bをつくった。直流電源の電圧はどちらの回路も18Vである。電熱線の温度による抵抗の変化はないものとして，下の問1から問3に答えよ。

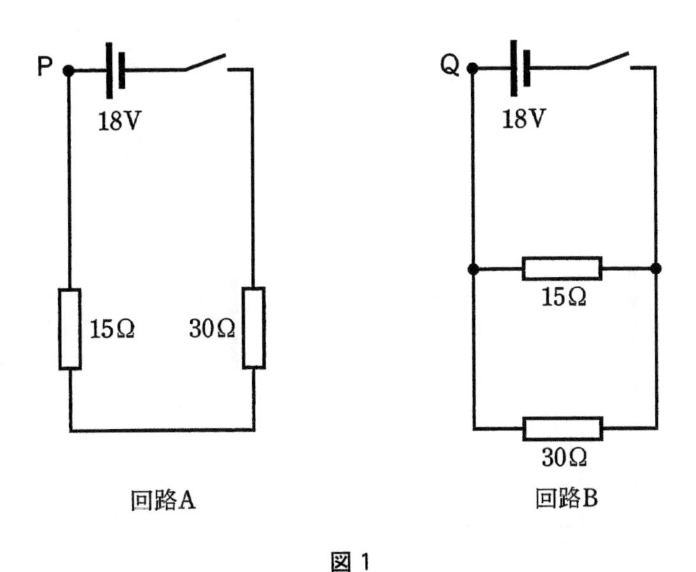

図1

問1　回路Aのスイッチを入れた。点Pを流れる電流の大きさは何Aか。小数第2位を四捨五入して小数第1位まで書け。

問2　回路Bのスイッチを入れた。点Qを流れる電流の大きさは何Aか。小数第2位を四捨五入して小数第1位まで書け。

問 3　次に，**図 2** のように，ビーカー A およびビーカー B に同じ量の水を入れ，それぞれの回路の二つの電熱線を完全に水中に入れた。回路 A のスイッチを入れ電流を 180 秒間流したとき，ビーカー A の水温はある温度上昇した。ビーカー B の水温をビーカー A と同じだけ上昇させるためには，回路 B に電流を何秒間流せばよいか。電熱線の発熱はすべて水の温度上昇に使われるものとして，小数第 1 位を四捨五入して整数で書け。

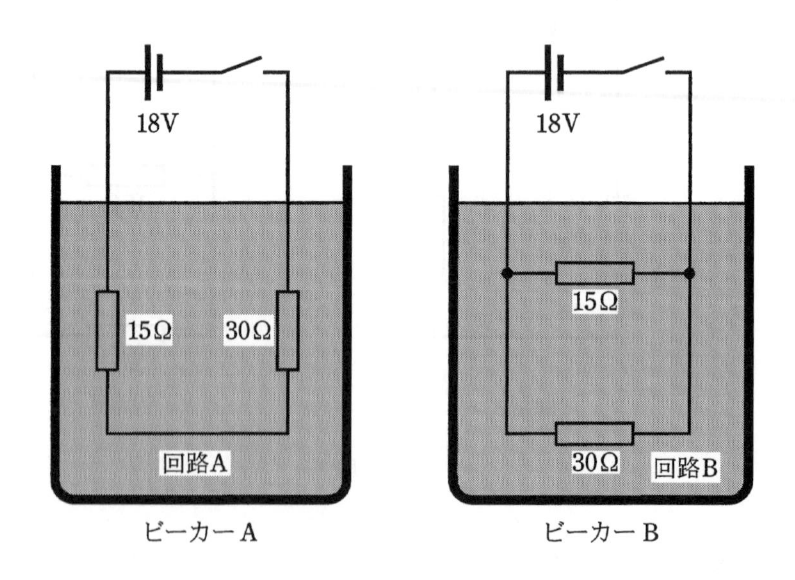

図 2

3 塩化水素という気体が水に溶けた水溶液を塩酸という。塩酸を用いた次の実験を行った。下の問1から問3に答えよ。

実験

手順1　濃度1.8％の塩酸をビーカーに15.00g入れ，pHメーターでpHを測定した。

手順2　水酸化ナトリウム（固体）を水に溶かし，濃度3.8％の水酸化ナトリウム水溶液を作った。

手順3　手順1のビーカーに水酸化ナトリウム水溶液を一滴ずつ加え，そのたびにpHメーターで水溶液のpHを測定した。この操作をpHの値が7になるまで続けた。

問1　この実験に関連した以下の文の空欄①，②に適切なイオン式を書け。

塩化水素のように水溶液中で電離して（　①　）を生じる物質を酸，水酸化ナトリウムのように水溶液中で電離して（　②　）を生じる物質をアルカリという。

問2　**手順3**で作った水溶液をスライドガラスに数滴たらして放置し，乾燥させる。スライドガラス上でどのような現象が起こるか。次の**ア**から**エ**の中から最も適当なものを一つ選び，その記号を書け。

ア　塩酸と水が蒸発し，水酸化ナトリウムが残る。
イ　水が蒸発し，塩が残る。
ウ　水が蒸発し，塩化水素と水酸化ナトリウムが残る。
エ　水溶液はすべて蒸発し，何も残らない。

問3　**手順3**では，pHの値がちょうど7になったときの水溶液の質量は22.75gであった。このとき生じた塩の質量についてどのようなことがいえるか。次の**ア**から**オ**の中から最も適当なものを一つ選び，その記号を書け。ただし，小数第3位を四捨五入して小数第2位まで求め考えよ。

ア　生じた塩の質量は0.56gよりも少ない。
イ　生じた塩の質量は0.56gである。
ウ　生じた塩の質量は0.56gより多く，0.64gよりも少ない。
エ　生じた塩の質量は0.64gである。
オ　生じた塩の質量は0.64gよりも多い。

4 試験管Aの中に10.00 gの酸化銅のみを，試験管B，C，D，Eの中に10.00 gの酸化銅と様々な質量の炭素粉末をよく混ぜ合わせた試料を入れ，それぞれガスバーナーの炎で十分な時間熱した。試験管Aを熱したときには何の変化もみられなかったが，試験管B，C，D，Eを熱したときには酸化銅が還元されて銅ができるとともに気体が発生した。発生した気体を集めて一定に保たれた室温まで冷ました後，その体積をそれぞれ測定すると次の表のようになった。下の問1から問4に答えよ。ただし，試験管内に存在する空気の影響は考えないものとする。

試験管	A	B	C	D	E
酸化銅の質量[g]	10.00	10.00	10.00	10.00	10.00
炭素粉末の質量[g]	0.00	0.30	0.60	0.90	1.20
発生した気体の体積[cm³]	0	560	1120	1400	1400

問1 発生した気体はどのような性質を示すか。次の**ア**から**エ**の中から最も適当なものを一つ選び，その記号を書け。

ア ものを燃やすはたらきがある。
イ 石灰水を白くにごらせる。
ウ 独特の刺激臭がある。
エ 漂白作用がある。

問2 試験管Eを十分に熱した後，試験管の中に残った固体の説明として正しいものはどれか。次の**ア**から**エ**の中から最も適当なものを一つ選び，その記号を書け。

ア 単体の混合物である。
イ 単体と化合物の混合物である。
ウ 純粋な単体である。
エ 純粋な化合物である。

問3 酸化銅10.00 gを還元するために，炭素粉末は少なくとも何g必要か。小数第3位を四捨五入して小数第2位まで書け。

問4 試験管Bを十分に熱した後，試験管の中に残った固体の質量は9.20 gだった。この実験で発生した気体の1000 cm^3あたりの質量は室温において何gか。小数第2位を四捨五入して小数第1位まで書け。

5 ひろし君は学校にあった2種類の動物A，Bの頭骨標本を観察し，次のような観察結果を書いた。また，動物A，Bは日本に生息している哺乳類(ほにゅうるい)であることを先生から聞いた。下の**図1**，**図2**はそれぞれ動物A，Bの頭骨標本を横および正面から撮影した写真である。ただし，正面の写真は下あごを除いて撮影している。問1から問3に答えよ。

観察結果

① 動物Aの歯Xは長くとがっている。

② 動物Bの頭骨標本には，動物Aの歯Xにあたる歯がない。

③ 動物Bの歯Yのかみ合わせる面は平らで幅が広い。

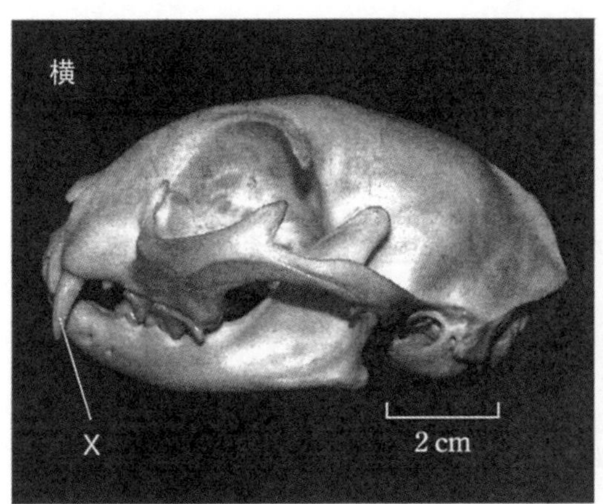

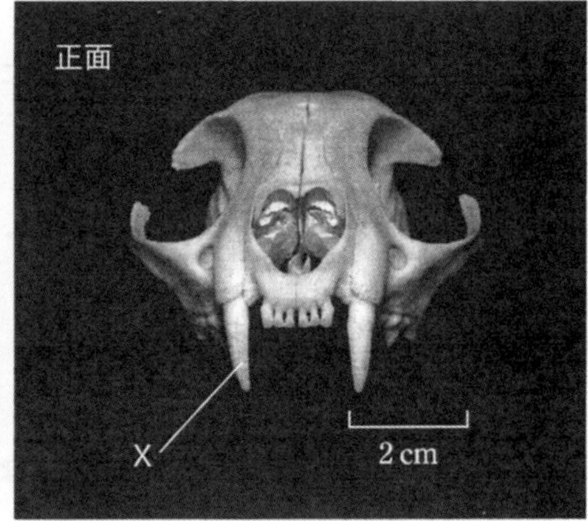

図1　動物Aの頭骨標本

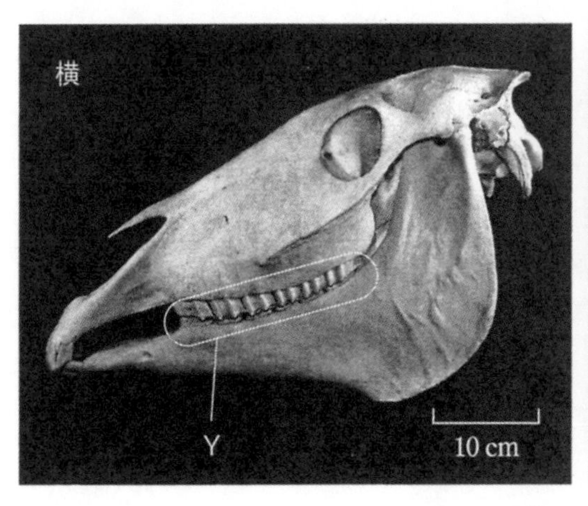

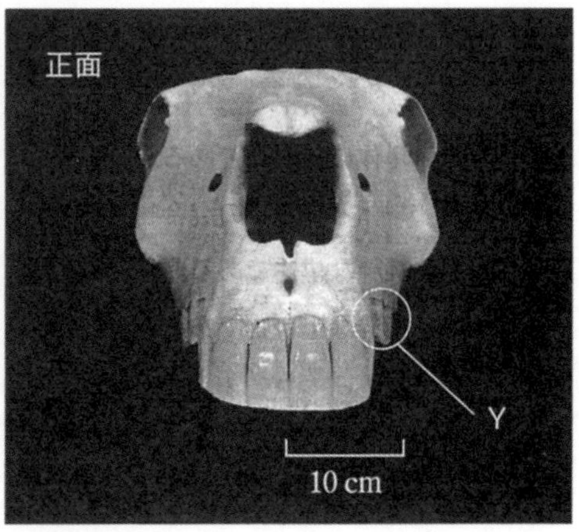

図2　動物Bの頭骨標本

2015(平成27)年度

問 1　図の歯X，Yはそれぞれどのようなことに適しているか。次の**ア**から**エ**の中から最も適当なものを一つずつ選び，その記号を書け。

ア　植物をかみ切る。　　**イ**　動物の肉を丸飲みする。
ウ　植物をすりつぶす。　　**エ**　獲物(えもの)となる動物をとらえる。

問 2　動物Bの両目の配置は動物Aの両目の配置と比べて，どのようなことに適しているか。次の**ア**から**エ**の中から最も適当なものを一つ選び，その記号を書け。

ア　近くを見ること
イ　遠くを見ること
ウ　自分と他のものとの距離が正確に分かること
エ　広くまわりを見渡すこと

問 3　動物A，Bに共通する特徴を次の**ア**から**オ**の中からすべて選び，その記号を書け。

ア　背骨がある。
イ　殻のある卵を産む。
ウ　まわりの温度に関係なく体温がほぼ一定である。
エ　主に動物を食べる。
オ　体表に毛が生えている。

6 校庭にムラサキツユクサの花が咲いていたので，茎から上の部分を切り取り，水の入ったビーカーに入れた。しばらくすると，咲き終わった花のあとに黒い種子がつき，茎からは根が出ていた。このムラサキツユクサを使って，下のような観察を行った。

その後，根が出たムラサキツユクサを花だんに植えたところ，新しい個体がふえ，翌年にはたくさんの花を咲かせた。また，ムラサキツユクサの染色体数は12であることが知られている。これについて，問1から問3に答えよ。

観察

1 茎から出ていた根をルーペで観察した。

2 花のつくりを調べたら，めしべ1本，おしべ6本，花弁3枚，がく3枚であった。また，おしべの先端には黄色いやくがあり，下の方にはたくさんの細い毛が見られた。

3 葉を観察したら，葉は細長く，葉脈は平行脈であった。

4 植木ばちの土に種子をまいたら，1週間ほどして芽が出てきた。

5 スライドガラスに10％ショ糖液をスポイトで1滴とり，その上に花粉を落として15分ほど放置したあと顕微鏡で観察したら，**図1**のように花粉から花粉管が出ており，その中に小さな細胞が二つ見られた。

6 葉の表皮をとり顕微鏡で観察したら，**図2**のような細胞が見られた。

7 おしべの毛を顕微鏡で観察したら，**図3**のような連なった細胞が見られた。

8 **観察5**で見られた花粉管の中の細胞，**観察6**で見られた表皮の細胞，**観察7**で見られたおしべの毛の細胞に，酢酸カーミン液をかけたあと顕微鏡で観察したら，赤く染まった丸い粒が細胞に一つずつ見られた。

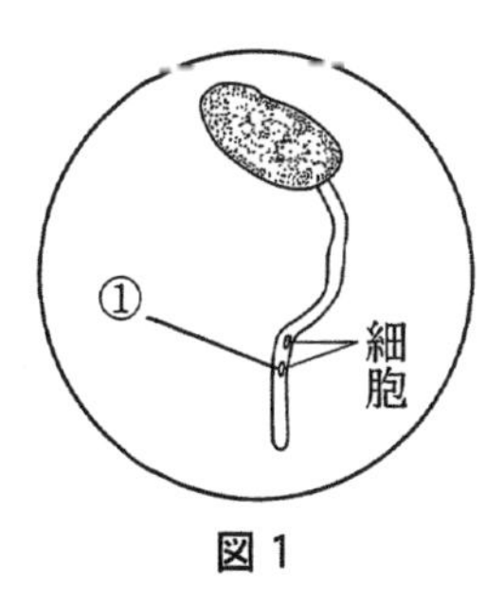

図1

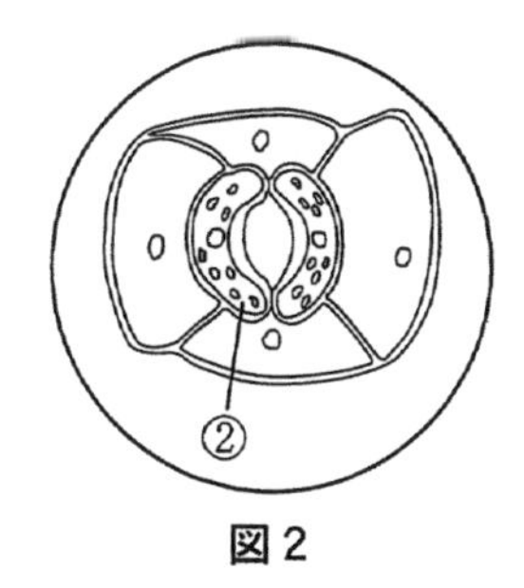

図2

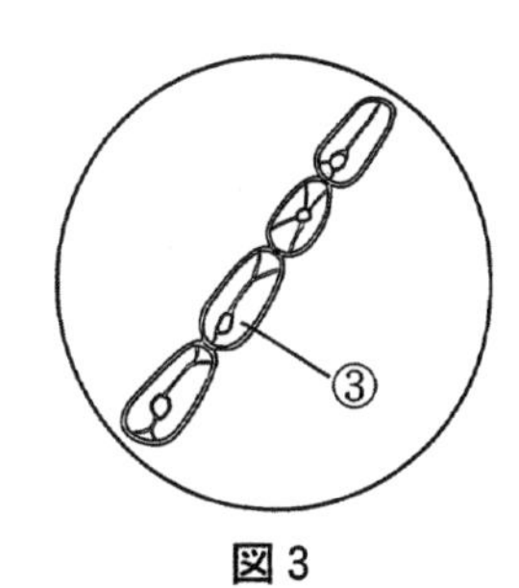

図3

問 1　ムラサキツユクサは，根，子葉，および茎の維管束にどのような特徴をもった植物のなかまであるか。次の**ア**から**カ**の中から当てはまるものを三つ選び，その記号を書け。

ア　主根と側根からなる。
イ　ひげ根をもつ。
ウ　子葉は 1 枚である。
エ　子葉は 2 枚である。
オ　維管束が輪のように並ぶ。
カ　維管束が散らばっている。

問 2　**図 1** から**図 3** に示した①から③の細胞がもつ染色体の数をそれぞれ答えよ。

問 3　ムラサキツユクサはどのような生殖の方法で新しい個体をつくることができるといえるか。次の**ア**から**エ**の中から正しいものを一つ選び，その記号を書け。

ア　無性生殖だけを行う。
イ　有性生殖だけを行う。
ウ　無性生殖も有性生殖も行う。
エ　無性生殖も有性生殖も行わない。

7 天体の学習をするために，天体の「満ち欠け」だけを図形で表したＡからＥの５枚のカードと，「見かけの大きさ」だけを図形で表した１から５の５枚のカードを用意した。「満ち欠け」カードには天体の見かけの大きさがそろえて描いてあり，天体の光って見える部分を，実線で囲まれた形で模式的に表してある。なお，天体望遠鏡では肉眼で見たときとは上下左右が逆になるが，ここでは元に戻して描いてある。「見かけの大きさ」カードには，満ち欠けに関係なく天体全体の見かけの大きさの変化だけを，５段階で描いてある。下の問１から問３に答えよ。

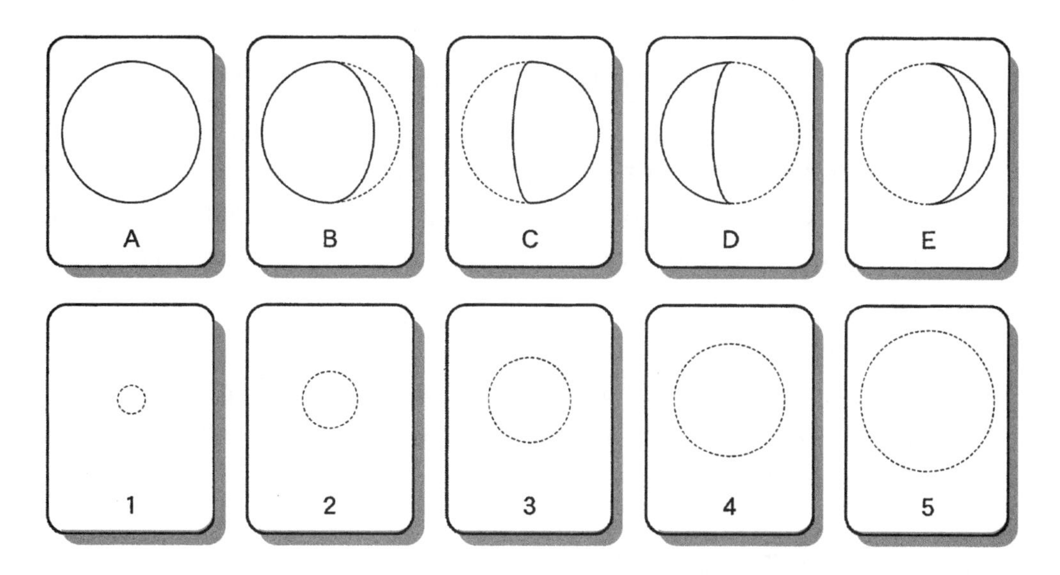

問１　日本で金星を観測した。観測を開始したときと同じ形が，もう一度現れるまで観測を続けたところ，「満ち欠け」カードで示す５種類すべての形がほぼそのまま観測できた。観測できた順番を正しく表すようにカードを並べ，その記号を書け。ただし，観測の初日は，Ａのカードで表される形が観測できたとする。またＡからＥまでのカードをすべて一回ずつ用いること。

問２　問１での観測結果を，今度は「見かけの大きさ」カードを用いて表したい。問１で順番に並べたカードに対応させて，「見かけの大きさ」カードを正しい順番に並べ，その記号を書け。ただし，１から５の５枚のカードをすべて一回ずつ用いること。

問３　月も金星と同様に観測して「満ち欠け」カードを並べ，金星の時と比べた。月と金星の見え方について，次のアからカの中から正しいものを三つ選び，その記号を書け。

ア　月と金星の満ち欠けの順序は同じである。
イ　月と金星の満ち欠けの順序は逆である。
ウ　カードＡの形の金星は真夜中には見えない。
エ　カードＡの形の金星は真夜中にも見えることがある。
オ　カードＥの形の月は真夜中には見えない。
カ　カードＥの形の月は真夜中にも見えることがある。

8 緊急地震速報は，強いゆれをもたらす地震波の到来よりも先に警報を発することで，被害を軽減することを目指している。テレビなどを通じて一般市民に知らされる緊急地震速報は，次のようなしくみで発表される。

> 気象庁は，全国各地に地震観測装置を設置している。それぞれの観測装置はゆれを感知すると，初期微動が始まってから2秒間のゆれの記録を分析して，その結果を即座に気象庁に送信する。気象庁では，2カ所以上の観測装置から情報が届くと，それらをごく短時間で分析し，震度5弱以上のゆれが予想される地域がある場合には緊急地震速報を発表する。

あるとき，ある場所を震源とする地震が発生し，震源から14 km離れたところにあるA地点の観測装置と，震源から28 km離れたところにあるB地点の観測装置で観測したゆれをもとに，緊急地震速報が発表された。いずれの観測装置も初期微動が始まってから2秒後に気象庁に情報を発信し，これら二つの観測装置からの情報が気象庁にそろってから緊急地震速報が発せられるまでの時間は2秒であった。

地震波のうちP波が進む速さは7 km/s，S波が進む速さは4 km/sと仮定し，また，観測装置から発信された情報が気象庁に届くまでの時間および気象庁から発信された緊急地震速報が各地に届くまでの時間は無視できるものとして，次の問1から問3に答えよ。

問1 B地点での初期微動継続時間は何秒間か。

問2 震源から84 km離れたC市で主要動が始まったのは，緊急地震速報が発せられてから何秒後か。ただし，緊急地震速報よりも早く主要動が始まった場合は，負の数値で答えよ。

問3 緊急地震速報について述べた次のアからオの各文の中から誤っているものを一つ選び，その記号を書け。

ア 震源から遠く離れた場所では，震源に近い場所に比べて，一般に震度の値は小さく，緊急地震速報が発せられてから地震波が到達するまでの時間は長い。

イ 緊急地震速報が発せられるよりも先に地震波が到達する場所がある。

ウ マグニチュードが大きい地震ほど，緊急地震速報が発せられてから地震波が到達するまでの時間は短く，ゆれは大きい。

エ 緊急地震速報が発せられた後に地震波が到達する地域では，緊急地震速報が発せられてから地震波が到達するまでの時間が長いほど，初期微動継続時間も長い。

オ 緊急地震速報が発せられるよりも先にS波が到達した場所では，緊急地震速報を受信したときにはすでに主要動が始まっている。

1　次の問 1 から問 3 に答えよ。

問 1　日本には，山間の斜面に多数の小さな田が階段状に並んでいる風景がある。これを棚田という。ある夜，棚田を見下ろす場所に立つと，空高くにある満月が田の水面に映っているのが見えた。このとき，どの田にも水が一面に張ってあったが，まだ何も植えてなく，風もないので棚田の水面は多数の鏡のようであった。

このとき，棚田に満月が映るようすを正しく説明しているのはどれか。次の**ア**から**ク**の中から二つ選び，その記号を書け。

ア　見える限りすべての田の一つ一つに，それぞれ一つずつの月が映る。
イ　ほぼ一直線上にある田の一つ一つに，それぞれ一つずつの月が映る。
ウ　ある田に月が映っており，その田を取り囲む田の一つ一つにも，それぞれ一つずつの月が映る。
エ　ある一つの田にだけ一つの月が映っており，ほかの田に月は映らない。
オ　棚田に映る月は，直接見る月とほぼ同じ大きさに見える。
カ　棚田に映る月は，直接見る月の半分くらいの大きさに見える。
キ　棚田に映る月は，直接見る月の 2 倍くらいの大きさに見える。
ク　棚田に映る月は，直接見る月と比べ，遠くの田に映っている月ほど小さく見える。

問 2　夜のプールの水面は鏡のようであった。スタート台に立つと，この水面に映った月が，水平より 45° 下方に見えた。このとき，水中から月を見上げたら，水平に対してどんな角度の方向に見えるか。なお，水平方向に見えるときを 0 °，真上を 90° とする。次の**ア**から**オ**の中から最も適当なものを一つ選び，その記号を書け。

ア　90° の方向に見える。
イ　45° の方向に見える。
ウ　45° より小さい角度の方向に見える。
エ　45° より大きい角度の方向に見える。
オ　水中からこの月を見ることはできない。

問 3　下図は，物体から出て凸レンズを通る特徴的な光線のみちすじや，凸レンズがつくる実像などを表す。この凸レンズの焦点距離を 6 cm，物体から凸レンズまでの距離を 12 cm とする。図中の F，F' は凸レンズの焦点である。物体の長さ AB は 2 cm で，凸レンズの軸（光軸）と垂直に立っている。AC は，物体の先 A から出て凸レンズの C 点に至る光線を表し，OC の長さは 4 cm である。A から出て C を通った光は，その後レンズの軸と交わる。この交わる位置は，レンズの中心 O から何 cm の位置か，解答欄にその数値を書け。

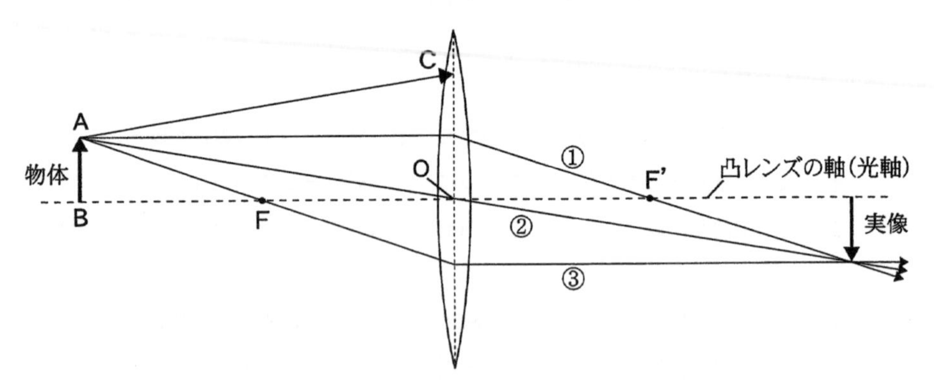

① 凸レンズの軸に平行な光は，凸レンズの反対側の焦点を通る。
② 凸レンズの中心を通る光は，そのまま直進する。
③ 焦点を通った光は，凸レンズを通った後，軸と平行に進む。

2 図１のように，Ａから F までのレールの上を，小さな物体を滑らせる実験を行った。AB 間は直線で水平面から 45° をなしている。CD 間は水平である。EF 間は直線で水平面から 30° をなしている。BC 間および DE 間のレールは，なめらかにつなげてある。また，Ａは水平面からの高さが 0.90 m，F は 0.30 m である。水平面上Ｏに置いてあった物体を手で持ち上げＡに置き，静かに手を離したところ，物体はレールから離れることなく F まで滑り，その後レールの外へ飛び出した。物体とレールの間の摩擦および空気による抵抗はないとして，下の問１から問４に答えよ。

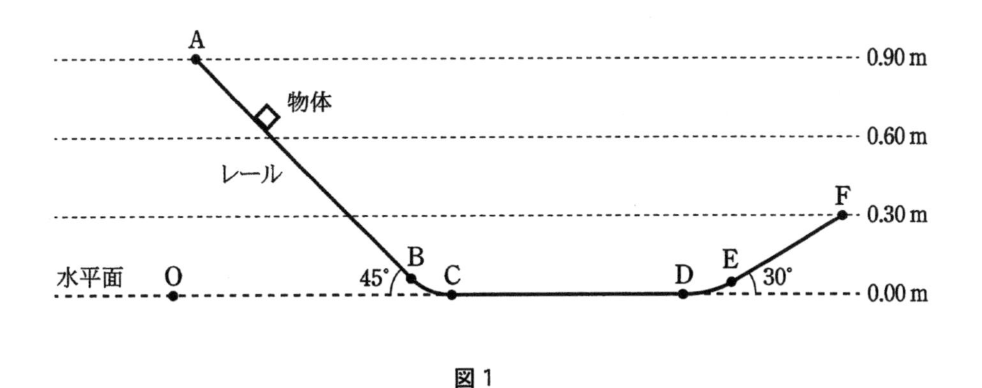

図１

問１　水平面上Ｏに置いてあった物体を手でＡの高さまで持ち上げるとき，真上に 2.0 N の力を加えながら 0.50 秒で持ち上げた。このとき，手が物体にした仕事の仕事率は何 W か。

問２　レール上の物体には，重力とレールからの垂直抗力がはたらく。重力をレールに垂直な分力とレールに平行な分力に分解すると，重力のレールに垂直な分力は，レールからの垂直抗力とつり合っている。

物体にはたらく重力とレールからの垂直抗力の合力の向きは，AB 間，CD 間，EF 間のそれぞれにおいてどうなるか。**図２**に示すように，水平右向きを 0° として反時計回りに測る角度で答えよ。ただし，合力の大きさが 0 である場合は，解答欄に×を書け。

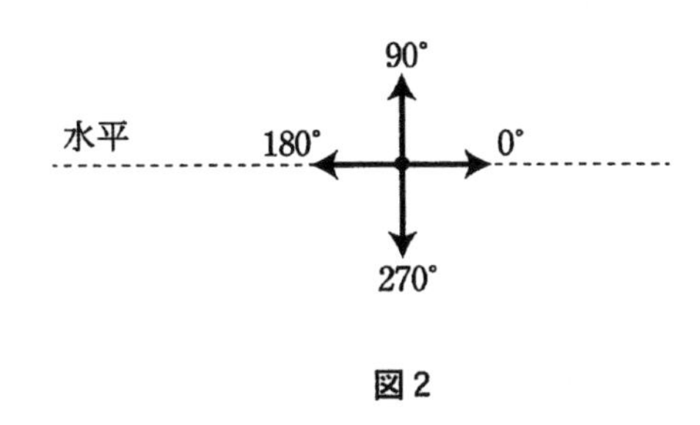

図２

問 3　物体がAからBへ移動するとき，次の①と②のグラフはそれぞれどうなるか。下の**ア**から**エ**の中から最も適当なものを一つずつ選び，その記号を書け。

①　物体の速さと時間の関係を表すグラフ

②　Aから物体までの距離と時間の関係を表すグラフ

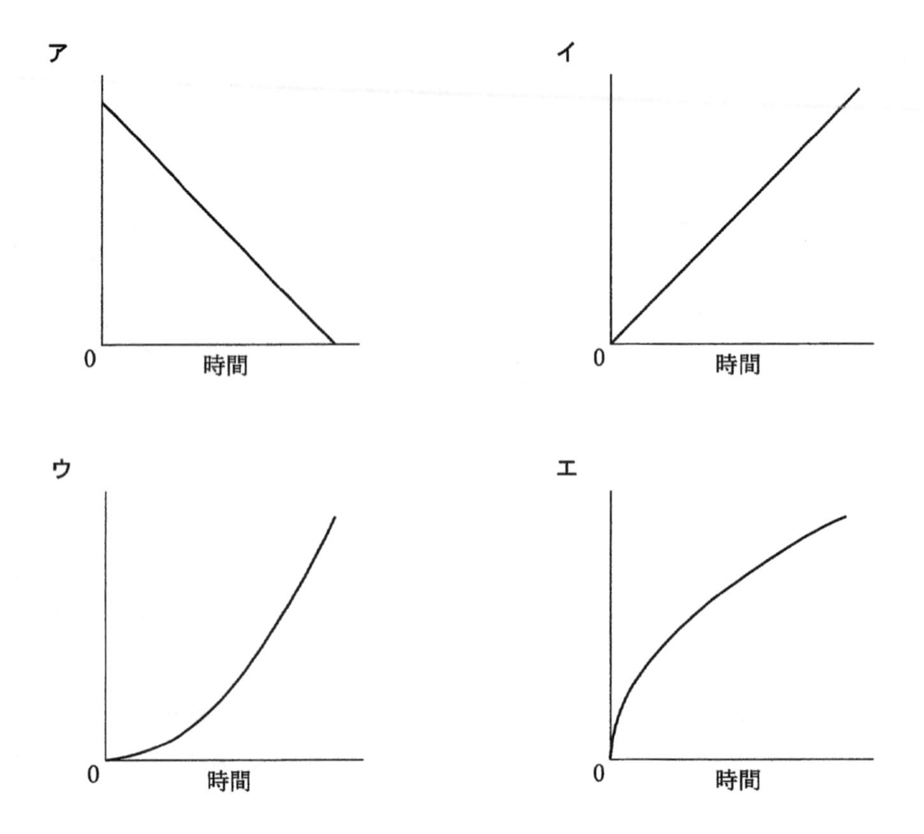

問 4　Fにおいて物体がもっている位置エネルギーは，Aにおいて物体がもっている位置エネルギーの$\frac{1}{3}$である。Fにおいて物体がもっている運動エネルギーは，Fにおいて物体がもっている位置エネルギーの何倍か。

3 次の**実験1**，**実験2**について，下の問1から問3に答えよ。

実験1 図1のように，pHが1の塩酸が入った容器に，亜鉛板と銅板を1枚ずつ接触しないように入れた。

実験2 図2のように，pHが1の塩酸が入った別の容器に，電流計と導線を用いてつないだ亜鉛板と銅板を1枚ずつ接触しないように入れた。

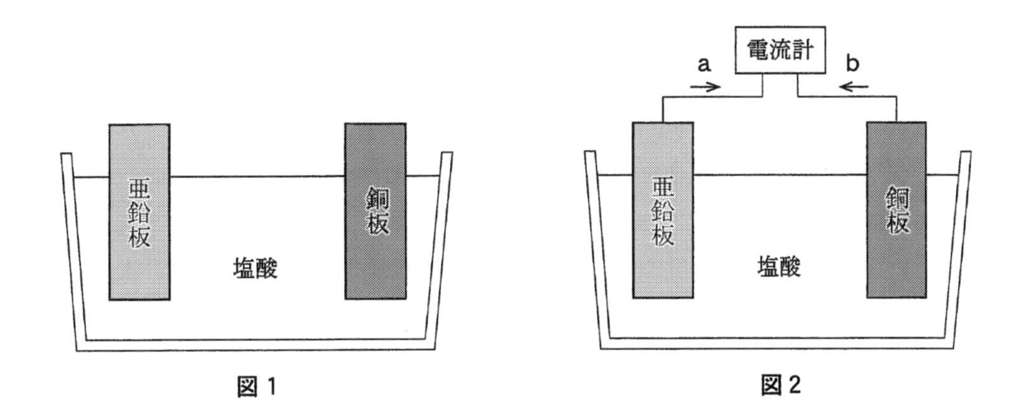

図1　**図2**

問1 塩酸とは塩化水素HClが水に溶けたものである。塩化水素は水中で水素イオンH^+と塩化物イオンCl^-に分かれている。塩化物イオンについて正しい説明を完成させるために，次の文章の(　①　)から(　④　)に入れる語句として最も適当なものを下の**ア**から**エ**の中から一つずつ選び，その記号を書け。なお，同じ語句を何回選んでもよいが，同じ番号の空欄には必ず同じ語句が入る。

> 塩素原子は＋の電気をもった原子核と，－の電気をもった(　①　)からできている。さらに，原子核は＋の電気をもった(　②　)と電気をもたない中性子に分けることができる。(　①　)のもつ－の電気の量と(　②　)のもつ＋の電気の量は等しく，原子のもつ(　①　)の数と(　②　)の数は等しいので，塩素原子は全体として電気的に中性である。塩素原子が(　③　)を1個だけ(　④　)と，全体として－の電気を帯びた塩化物イオンになる。

ア　陽子　　**イ**　電子　　**ウ**　受け取る　　**エ**　失う

問 2　**実験 1** を行うと，銅板の表面から気体の発生は観察されなかったが，亜鉛板の表面からは気体が発生した。この気体は，うすい塩酸にマグネシウム板を入れたときに発生する気体と同じ気体である。また，**実験 1** を始めた後しばらくの間，気体は勢いよく発生していたが，長い時間観察し続けていると，気体の発生する勢いは徐々に弱くなり，やがて気体の発生は止まった。気体の発生が止まった後の水溶液の pH を万能試験紙で調べたところ，溶液の pH は 1 より大きくなっていた。これらの実験結果についての説明として最も適当なものを，次の**ア**から**エ**の中から一つ選び，その記号を書け。

ア　発生した気体の化学式は H_2 である。水溶液の酸性は弱くなり，初めよりも中性に近くなった。

イ　発生した気体の化学式は H_2 である。水溶液の酸性は徐々に強くなった。

ウ　発生した気体の化学式は H である。水溶液の酸性は弱くなり，初めよりも中性に近くなった。

エ　発生した気体の化学式は H である。水溶液の酸性は徐々に強くなった。

問 3　**実験 2** を行うと，銅板の表面から気体が発生するとともに，電流計により電流が流れることが確認された。一方，亜鉛板からの気体の発生はほとんど観察されなかった。塩酸のかわりにうすい硫酸を用いても同じ現象が観察される。**実験 2** を行ったときに得られた結果として正しいものを，次の**ア**から**ク**の中から三つ選び，その記号を書け。

ア　銅板の表面から発生した気体は，**実験 1** で亜鉛板の表面から発生した気体と同じ気体である。

イ　銅板の表面から発生した気体は，**実験 1** で亜鉛板の表面から発生した気体と異なる気体である。

ウ　亜鉛板と銅板の両方とも溶け出した。

エ　亜鉛板は溶け出したが，銅板は溶け出さなかった。

オ　銅板は溶け出したが，亜鉛板は溶け出さなかった。

カ　亜鉛板と銅板の両方とも溶け出さなかった。

キ　電流は図 2 中 a の向きに流れた。

ク　電流は図 2 中 b の向きに流れた。

4 フラスコにw〔g〕のマグネシウムを入れ，酸素を充満させてゴム栓でふたをしてから，加熱する実験を行った。マグネシウムはすべて激しく燃焼した。燃焼後，フラスコの内部には白い粉末がx〔g〕生成していた。

次に別のフラスコにy〔g〕のマグネシウムを入れ，二酸化炭素を充満させてゴム栓でふたをしてから，加熱する実験を行ったところ，マグネシウムはすべて反応した。反応後，フラスコの内部には白い粉末と黒い粒子が合計z〔g〕生成していた。

両方の実験で生成した白い粉末を詳しく調べると，それらは全く同じ成分からなる化合物で，その成分の質量比も等しかったことから，同じ化合物であることがわかった。また，黒い粒子を詳しく調べると，炭素であることがわかった。

これらの実験について，次の問1から問3に答えよ。

問 1　マグネシウムと二酸化炭素の反応の化学反応式は次のように表される。空欄①，②には適切な数字を，空欄③，④には適切な化学式を書け。

(①)Mg + CO_2 ⟶ (②)[③]+[④]

問 2　マグネシウムと二酸化炭素の反応で，マグネシウムと反応した二酸化炭素の質量はいくらか。次の**ア**から**カ**の中から最も適当なものを一つ選び，その記号を書け。

ア　$z-y$　　**イ**　$y-z$　　**ウ**　$\frac{xy}{w}-z$

エ　$\frac{wy}{x}-z$　　**オ**　$z-\frac{xy}{w}$　　**カ**　$z-\frac{wy}{x}$

問 3　マグネシウムと二酸化炭素の反応で生成した炭素の質量はいくらか。次の**ア**から**カ**の中から最も適当なものを一つ選び，その記号を書け。

ア　$z-y$　　**イ**　$y-z$　　**ウ**　$\frac{xy}{w}-z$

エ　$\frac{wy}{x}-z$　　**オ**　$z-\frac{xy}{w}$　　**カ**　$z-\frac{wy}{x}$

5 エンドウの種子は子葉の中に栄養分を蓄え，種子のほとんどを子葉が占めている。この子葉の色には，緑色のものと黄色のものがあり，この形質は遺伝することがわかっている。以下では，緑色の子葉をもつ種子を「緑の種子」，黄色の子葉をもつ種子を「黄の種子」とよぶことにする。この形質の遺伝について，次のような実験を行った。これについて，下の問1から問3に答えよ。

実験1 「緑の種子」をつくる純系のエンドウの花粉を使って，「黄の種子」をつくる純系のエンドウの花を受粉させ，数多くの種子をつくった。そこでできた種子はすべて「黄の種子」だった。

実験2 **実験1**でできた多数の「黄の種子」をまいて育て，その花を自家受粉させたところ，「緑の種子」と「黄の種子」の両方ができた。

実験3 どのような遺伝子の組み合わせをもっているかわからない「黄の種子」が一つある。この種子を育てて，「緑の種子」をつくるエンドウの花粉を受粉させたところ，「緑の種子」と「黄の種子」の両方がたくさんできた。

問1 子葉の色を緑色にする遺伝子を☆，子葉の色を黄色にする遺伝子を◇で表すことにすると，次の①，②の子葉の色についての遺伝子はどのように表されるか。下の**ア**から**オ**の中から最も適当なものを一つずつ選び，**ア**から**オ**で書け。

① **実験1**で用いた花粉

② **実験1**でできた「黄の種子」

ア ☆◇　　**イ** ☆☆　　**ウ** ◇◇　　**エ** ☆　　**オ** ◇

問2 **実験2**でできた「緑の種子」と「黄の種子」の数の割合は簡単な整数比になった。この比は何対何か。最も簡単な整数比で答えよ。

問3 **実験3**でできた「緑の種子」と「黄の種子」の数の割合は簡単な整数比になった。この比は何対何か。最も簡単な整数比で答えよ。

6 料理のだしを取るときに用いる煮干しには，カタクチイワシの稚魚が使われている。カタクチイワシは海で生活する魚類で，自然界ではケイソウなどの植物プランクトン(光合成を行う単細胞生物)のほかに動物プランクトンを食べている。一方，サバやカツオなどの魚類，クジラやイルカなどのほ乳類，カモメなどの鳥類に食べられている。このカタクチイワシを使って，魚類の体のつくりを調べた。これについて，下の問1から問3に答えよ。

[観察の手順]

1 8cm位の大きさの煮干しを容器に取り，1時間ほど水につけて柔らかくした。

2 柔らかくなった煮干しを紙の上に取り，メスやピンセットを使って，ていねいに分解し，体のつくりを観察した。

3 胃の部分をシャーレに取り出し，水を加えてピンセットで細かく砕いた。

4 スポイトでシャーレの中の水を取り，スライドガラスの上にその水を1滴落としてカバーガラスをのせ，顕微鏡で観察した。

[観察の結果]

1 体のつくりを観察すると，頭部には眼，脳，えらがあり，ほかの部分には背骨，腸，胃が確認できた。

2 眼のまわりを調べると，後ろから脳につながっている神経のようなものが見られた。

3 背骨の中には，細い糸状のものがあり，脳につながっていることがわかった。

4 えらには細かいたくさんの突起があり，えらの後ろは三角形状のものとつながっていた。

5 胃の中のものを顕微鏡で観察すると，ケイソウのなかまが見つかった。

[事典で調べたこと]

1 眼から脳につながっているものは視神経，細い糸状のものはせきずい，えらとつながった三角形状のものは心臓であることがわかった。

2 えらの突起の中には毛細血管が通っており，ここで水中の酸素と体内で発生した二酸化炭素とを交換していることがわかった。

問1 視神経の役割として最も適当なものを，次の**ア**から**オ**の中から一つ選び，その記号を書け。

ア 骨の中にあり，血球をつくっている。

イ 脳からの命令を，運動神経に伝える。

ウ 中枢神経からの命令を，感覚器官に伝える。

エ 感覚器官で受け取った刺激を，中枢神経に伝える。

オ 感覚器官からの刺激を受けて，判断や命令を行っている。

問 2　えらの突起の中にある毛細血管で行われているはたらきの説明として最も適当なものを，次の**ア**から**オ**の中から一つ選び，その記号を書け。

ア　海水中に溶けている酸素を毛細血管内の赤血球が受け取って全身に運び，血しょうに溶けて運ばれてきた二酸化炭素を体外に排出している。

イ　海水中に溶けている酸素を毛細血管内の組織液が受け取り，血しょうに溶けて運ばれてきた二酸化炭素を体外に排出している。

ウ　海水中に溶けている酸素を毛細血管内の血しょうが受け取り，組織液に溶けて運ばれてきた二酸化炭素を体外に排出している。

エ　赤血球内のヘモグロビンが細胞でできた二酸化炭素と結合してえらまで運ばれ，海水中に溶けている酸素と結合するときに二酸化炭素を体外に排出している。

オ　海水中に溶けている酸素を受け取った組織液がリンパ管に入り，血しょうに溶けて運ばれてきた二酸化炭素を体外に排出している。

問 3　ケイソウのような植物プランクトンについて正しく述べているものを，次の**ア**から**オ**の中からすべて選び，その記号を書け。

ア　動物プランクトンを食べている。

イ　光エネルギーを利用して，無機物から有機物をつくり出している。

ウ　生物の遺がいやふんなどを分解している。

エ　海水中や大気中に酸素を供給している。

オ　消費者の体をつくる栄養の源となっている。

7 空気中の水蒸気について，後に示す**乾湿計用湿度表**と**気温と水蒸気の量のグラフ**(各温度での0～100％の湿度の曲線入り)を参考にして，次の問1から問3に答えよ。

問1 次の文章の(　①　)から(　④　)に入る語句として，最も適当なものを下の**ア**から**カ**の中から一つずつ選び，その記号を書け。

> 気温は乾湿計の乾球の示す温度を読み取り，湿度は乾湿計の乾球と湿球の示す温度をそれぞれ読み取り湿度表を用いて求める。乾湿計では乾球の示す温度は，湿球の示す温度より(　①　)。そしてその差が大きいほど，そのときの湿度は低い。また乾球の示す温度と湿球の示す温度の差がない時の(　②　)は露点と等しい。
> 湿度は次の計算式で定義されている。　　湿度〔%〕＝(　③　)÷(　④　)× 100

ア 高い　　**イ** 低い　　**ウ** 湿度　　**エ** 気温

オ 空気1 m^3 中にふくまれている水蒸気の量〔g〕

カ その気温での空気1 m^3 中の飽和水蒸気の量〔g〕

問2 あるウイルスがどのような温度・湿度条件で死滅するかを研究した。研究では部屋の温度と湿度を実験ごとに変えてウイルスを散布し，6時間後のウイルスの生存率を調べた。4回の実験について，その部屋の温度と湿度を知るために，室内にある乾湿計を用いた。それぞれの実験の時の乾球と湿球の示していた温度と，ウイルスの生存率を下の表に示す。

実験1から4までの部屋の中の湿度〔%〕と空気1 m^3 中にふくまれる水蒸気の量〔g〕を求め，下の**ア**から**コ**の中から最も近いものを一つずつ選び，その記号を書け。答えは，解答用紙の，実験1から4までの欄に書け。なお，同じ記号を何回選んでもよい。

	乾球の示す温度〔℃〕	湿球の示す温度〔℃〕	ウイルスの生存率〔%〕
実験1	5	4	20
実験2	15	10	20
実験3	30	28	0
実験4	35	26	0

ア 3g　　**イ** 6g　　**ウ** 11g　　**エ** 18g　　**オ** 26g

カ 35％　　**キ** 47％　　**ク** 75％　　**ケ** 85％　　**コ** 95％

問 3　実験 1 から 4 のすべての結果から判断して，このウイルスの死滅する条件にあてはまるものを，次の**ア**から**オ**の中から一つ選び，その記号を書け。

ア　空気 1 m^3 中の飽和水蒸気の量〔g〕がある値を下回ると死滅する。

イ　空気 1 m^3 中にふくまれている水蒸気の量〔g〕がある値を下回ると死滅する。

ウ　空気 1 m^3 中にふくまれている水蒸気の量〔g〕がある値を超えると死滅する。

エ　空気の湿度〔%〕がある値を超えると死滅する。

オ　空気の湿度〔%〕がある値を下回ると死滅する。

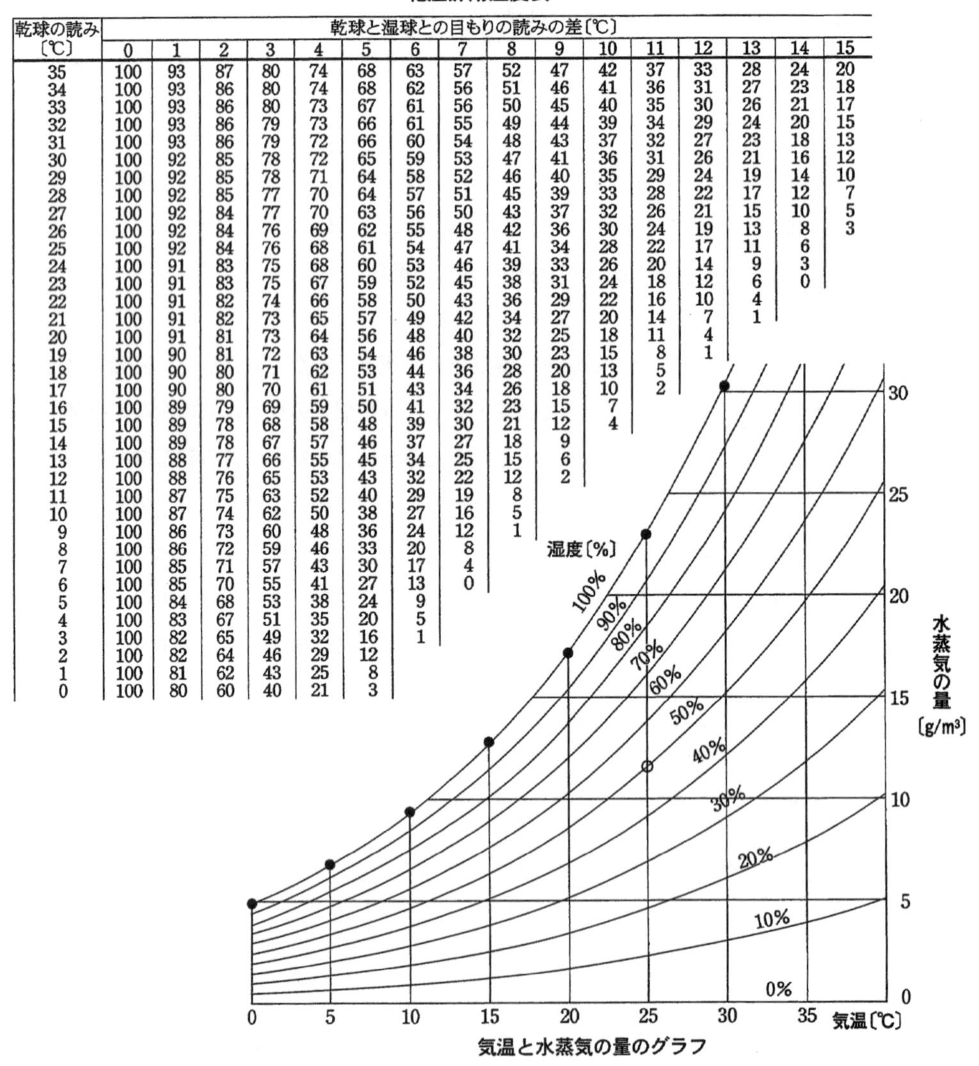

乾湿計用湿度表

乾球の読み〔℃〕	乾球と湿球との目もりの読みの差〔℃〕															
	0	1	2	3	4	5	6	7	8	9	10	11	12	13	14	15
35	100	93	87	80	74	68	63	57	52	47	42	37	33	28	24	20
34	100	93	86	80	74	68	62	56	51	46	41	36	31	27	23	18
33	100	93	86	80	73	67	61	56	50	45	40	35	30	26	21	17
32	100	93	86	79	73	66	61	55	49	44	39	34	29	24	20	15
31	100	93	86	79	72	66	60	54	48	43	37	32	27	23	18	13
30	100	92	85	78	72	65	59	53	47	41	36	31	26	21	16	12
29	100	92	85	78	71	64	58	52	46	40	35	29	24	19	14	10
28	100	92	85	77	70	64	57	51	45	39	33	28	22	17	12	7
27	100	92	84	77	70	63	56	50	43	37	32	26	21	15	10	5
26	100	92	84	76	69	62	55	48	42	36	30	24	19	13	8	3
25	100	92	84	76	68	61	54	47	41	34	28	22	17	11	6	
24	100	91	83	75	68	60	53	46	39	33	26	20	14	9	3	
23	100	91	83	75	67	59	52	45	38	31	24	18	12	6	0	
22	100	91	82	74	66	58	50	43	36	29	22	16	10	4		
21	100	91	82	73	65	57	49	42	34	27	20	14	7	1		
20	100	91	81	73	64	56	48	40	32	25	18	11	4			
19	100	90	81	72	63	54	46	38	30	23	15	8	1			
18	100	90	80	71	62	53	44	36	28	20	13	5				
17	100	90	80	70	61	51	43	34	26	18	10	2				
16	100	89	79	69	59	50	41	32	23	15	7					
15	100	89	78	68	58	48	39	30	21	12	4					
14	100	89	78	67	57	46	37	27	18	9						
13	100	88	77	66	55	45	34	25	15	6						
12	100	88	76	65	53	43	32	22	12	2						
11	100	87	75	63	52	40	29	19	8							
10	100	87	74	62	50	38	27	16	5							
9	100	86	73	60	48	36	24	12	1							
8	100	86	72	59	46	33	20	8								
7	100	85	71	57	43	30	17	4								
6	100	85	70	55	41	27	13	0								
5	100	84	68	53	38	24	9									
4	100	83	67	51	35	20	5									
3	100	82	65	49	32	16	1									
2	100	82	64	46	29	12										
1	100	81	62	43	25	8										
0	100	80	60	40	21	3										

気温と水蒸気の量のグラフ

グラフ中の○印は，気温 25 ℃，湿度 50 %，水蒸気の量 12 g/m^3 を表している。

8 地球は，地軸が公転面に垂直な方向から 23.4° 傾いて太陽のまわりを公転している。**図 1** はそのようすを模式的に表したものである。これに関連して，下の問 1 から問 3 に答えよ。

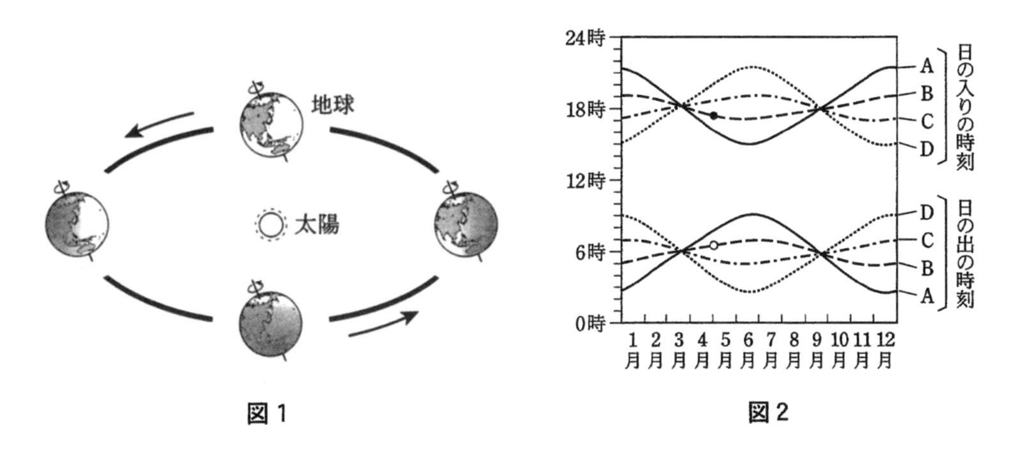

図 1　　**図 2**

問 1　**図 2** は地球上の 4 地点(A～D)における日の出と日の入りの時刻(いずれの地点についても日本時間での時刻とする)の 1 年間の変化を表したものである。例えば，5 月初めごろの B 地点での日の出は 6 時 30 分ごろ(図中の○印)，日の入りは 17 時 30 分ごろ(図中の●印)である。A から D の 4 地点は，**図 3** に示す**ア**から**エ**の 4 地点のいずれかとそれぞれ対応している。**図 2** に A で示されたのは**図 3** のどの地点か。**ア**から**エ**の中から最も適当なものを一つ選び，その記号を書け。

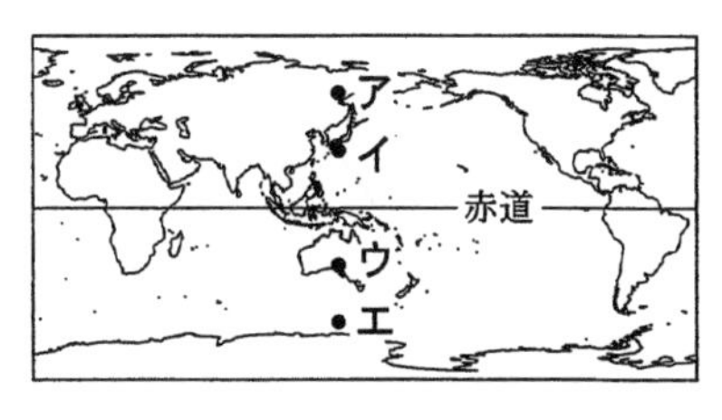

図 3

問 2　**図 4** は夏至の日の太陽の南中高度について示したものである。北海道稚内(わっかない)市で夏至の日に観測すると，太陽の南中高度は 68.0° であった。同じ場所で冬至の日に観測すると，太陽の南中高度は何度であるか。小数第 1 位まで答えよ。

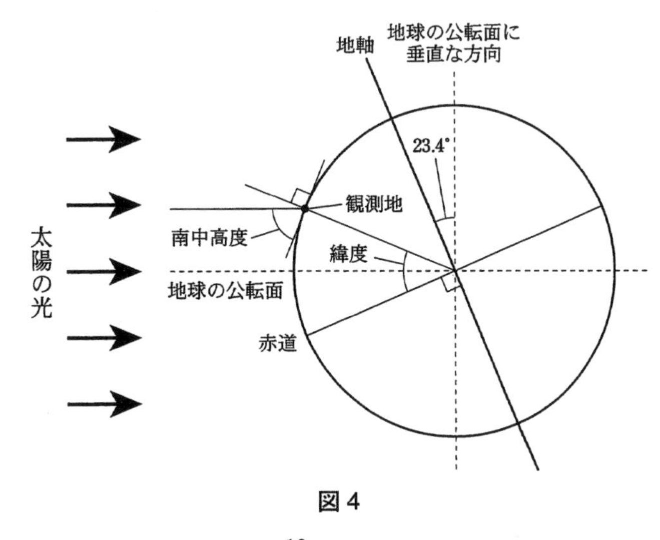

図 4

問 3　兵庫県に暮らす太郎君は，見晴らしの良い広場に棒を立て，太陽の日差しによってできる影のようすを観察した。下の**ア**から**カ**は，夏至の日と冬至の日のそれぞれ 8 時，12 時，16 時のようすをある同じの向きで見てスケッチした計 6 枚の図を，順番を並べ替えたものである。ただし，図中の細線は，広場に敷き詰められた正方形のタイルの区画を表している。これらのうち，夏至の日の 12 時と 16 時の図はどれか。**ア**から**カ**の中から最も適当なものを一つずつ選び，その記号を書け。

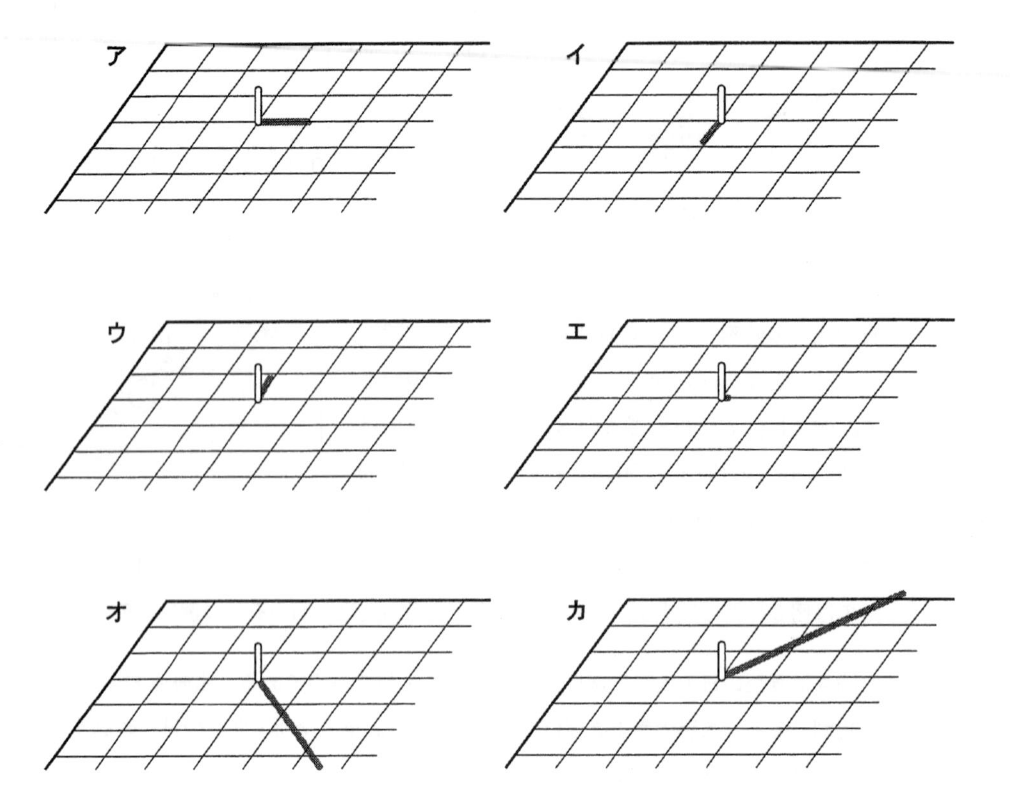

2013(平成25)年度　〈時間〉50分　〈満点〉100点

1　高さ15 cmで，底面積の等しい円筒容器A，B，Cがある。それぞれの容器内には，異なる量の砂が入れてある。Aが最も重く，Cだけは水に浮く。これらの一つずつに糸をつけ，**図1**のように，それぞればねはかりにつるす。ばねはかりをゆっくり下げていくと，円筒容器は水中に入っていくが，**図1**のようにまっすぐに立っていた。いずれの容器も密閉されており，内部に水が入ることはない。次の問1から問3に答えよ。

円筒容器

x

水

図1

問1　AとBそれぞれで，次の実験をした。円筒容器をゆっくりと水中に入れていきながら，水面から円筒容器の底までの長さxとばねはかりの読みwを測った。実験は，xが20 cmを十分に超えるまで行い，円筒容器が水底につくことはなかった。横軸をx，縦軸をwとしてグラフにすると，A，Bのグラフはどうなるか。次の**ア**から**オ**の中から最も適当なものを一つ選び，その記号を書け。

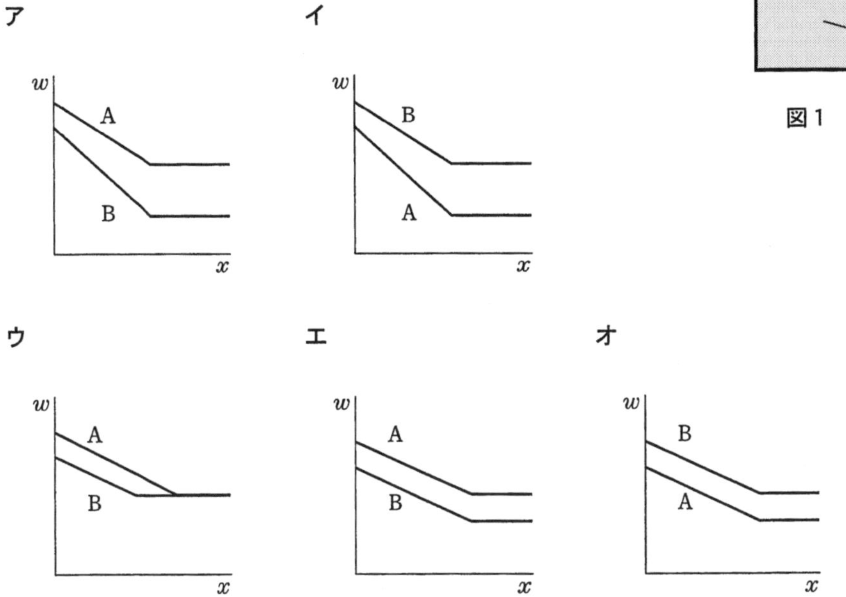

問2　xが10 cmのとき，A，Bにはたらく力はどうなるか。次の**ア**から**オ**の中から最も適当なものを一つ選び，その記号を書け。

ア　Aにはたらく浮力の方が，Bにはたらく浮力より大きい。

イ　Bにはたらく浮力の方が，Aにはたらく浮力より大きい。

ウ　AとBにはたらく浮力は等しい。

エ　水中では，Aにはたらく重力の減少が，Bにはたらく重力の減少よりも大きい。

オ　水中では，Bにはたらく重力の減少が，Aにはたらく重力の減少よりも大きい。

問 3　Cを水中に入れていきながら，xとwの関係をグラフにしたところ，図2のようになった。100 gの物体にはたらく重力を1 Nとして計算すると，xが6 cmのときCにはたらく浮力はいくらか。次のアからオの中から最も適当なものを一つ選び，その記号を書け。

ア　0.2 N　　**イ**　0.4 N　　**ウ**　0.6 N

エ　0.8 N　　**オ**　1.0 N

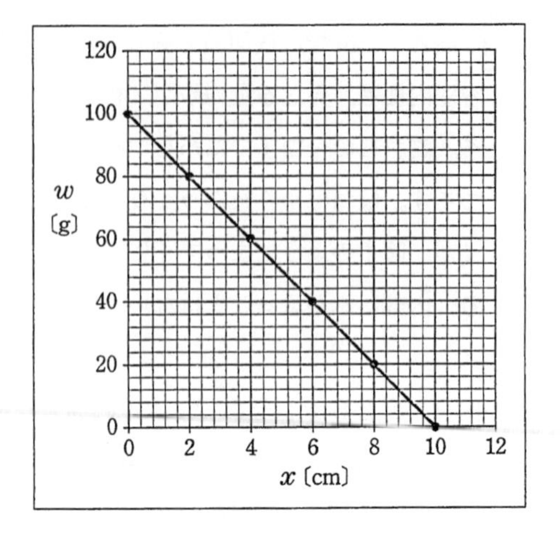

図2

2 コンピューター(またはオシロスコープ)を使うと，**図1**のようにマイクに入った音をコンピューターの画面に波形で表示することができる。**図2**は，ある音さの音を表示したものである。横軸の時間目盛りは，一目盛りを0.005秒にした場合を示す。**図2**の ⟷ で示した範囲の波の形は，一回の振動で生じたものである。次の問1から問4に答えよ。

コンピューター
マイク
弦の音を出す部分
モノコード(一弦琴)
音さ

図1

問 1　**図2**の音の振動数は何Hzか。次の**ア**から**オ**の中から<u>最も近いもの</u>を一つ選び，その記号を書け。

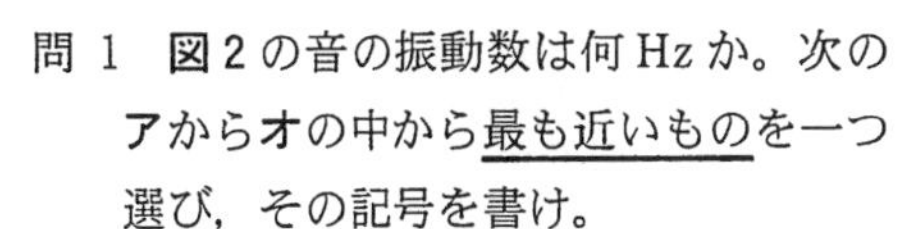

ア　40 Hz　　**イ**　80 Hz
ウ　120 Hz　　**エ**　160 Hz
オ　200 Hz

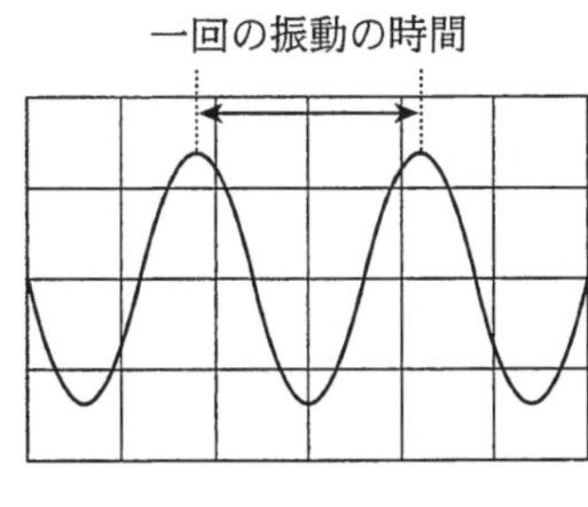

図2

問 2　音の高さがすべて異なる四つの音さを用意した。**図3**は，それらの音をコンピューターに表示したものである。振動数が一番大きいものはどれか。**図3**の**ア**から**エ**の中から最も適当なものを一つ選び，その記号を書け。なお，図の横軸の一目盛りの時間は，それぞれ図中に示してある。

ア
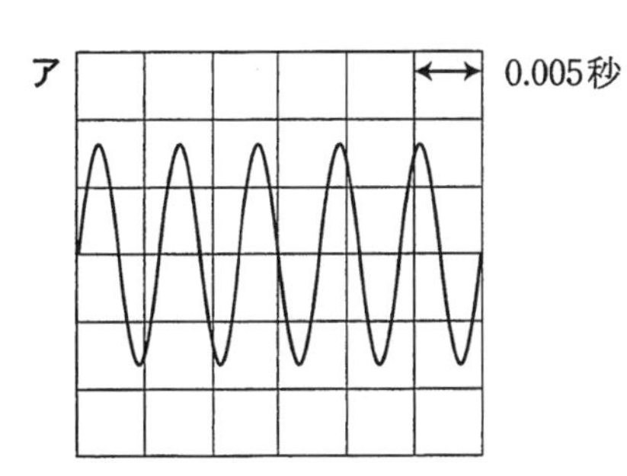

イ
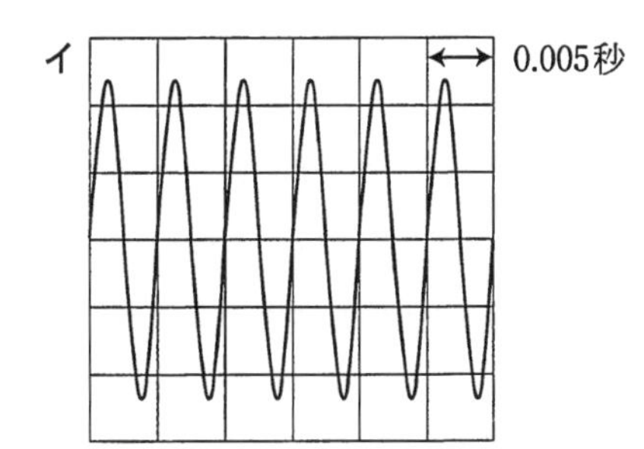

ウ
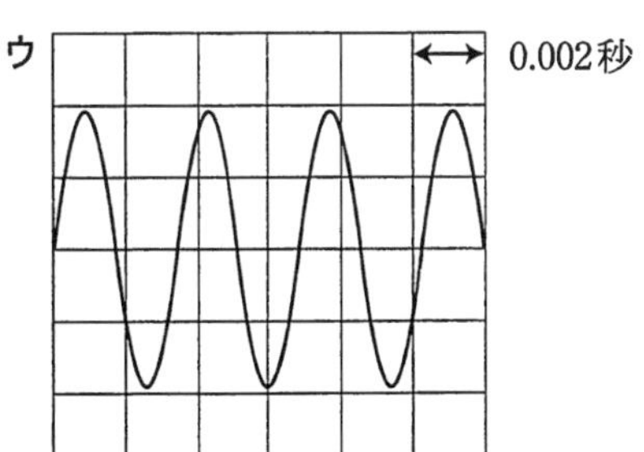

エ
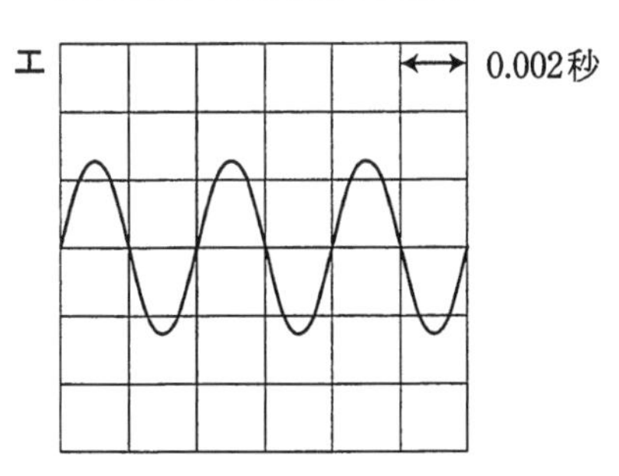

図3

問 3　**図 1** のようなモノコード(一弦琴)を用意した。**図 3** の**ア**から**エ**のそれぞれの音さと同じ高さの音を出すように調整したとき，弦の音を出す部分の長さはどうなるか。その長さが短い方から順に**ア**から**エ**を並べ，解答欄に左から順にその記号を書け。

次に，モノコードの弦の運動を調べるため，ストロボスコープを用いた。ストロボスコープは，一定の時間間隔で発光を高速に繰り返すことができる装置である。動く物体の運動を一定の時間間隔ごとに記録するのに用いることができる。**図 4** は，振り子の運動の記録の様子を模式的に示したものである。なお，発光はごく短時間だけであり，光ってすぐに消える。

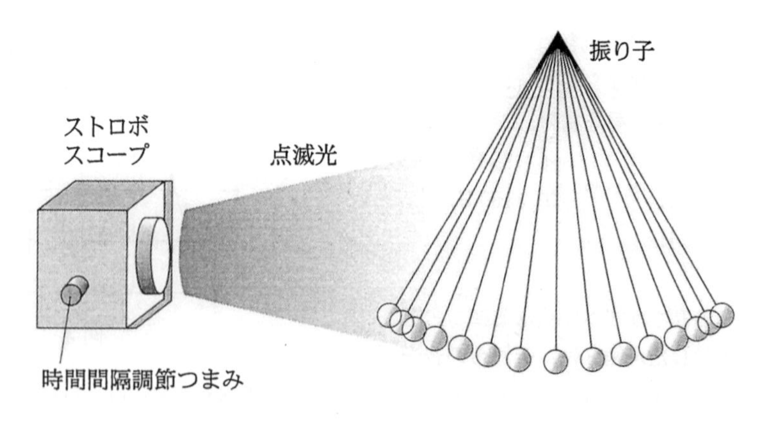

図 4　ストロボスコープを用いた振り子の運動の記録（模式図）

問 4　モノコードから音が出ているとき，弦の音を出す部分は**図 5** に模式的に示すような運動を繰り返している。今，ストロボスコープを一定の時間間隔で光らせながらモノコードをはじいたところ，**図 6** に模式的に示すような形で弦が止まって見えた。このモノコードは，**図 2** と同じ高さの音が出るように弦の音を出す部分の長さを調整してある。ストロボスコープが光る時間間隔は何秒であったか。次の**ア**から**オ**の中から<u>最も近いもの</u>を一つ選び，その記号を書け。

ア　0.002 秒　　**イ**　0.004 秒　　**ウ**　0.006 秒
エ　0.008 秒　　**オ**　0.010 秒

図 5

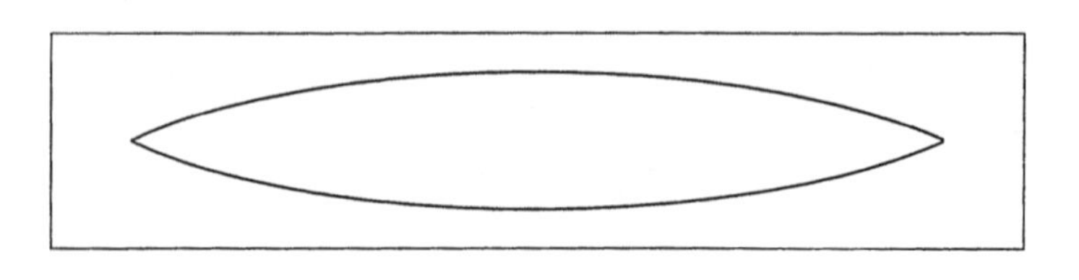

図 6

3　次の問１，問２に答えよ。

問１　下図は硝酸カリウムが100 gの水に溶ける限度の質量(溶解度)と温度の関係を表したものである。この図を用い，次の１，２に答えよ。

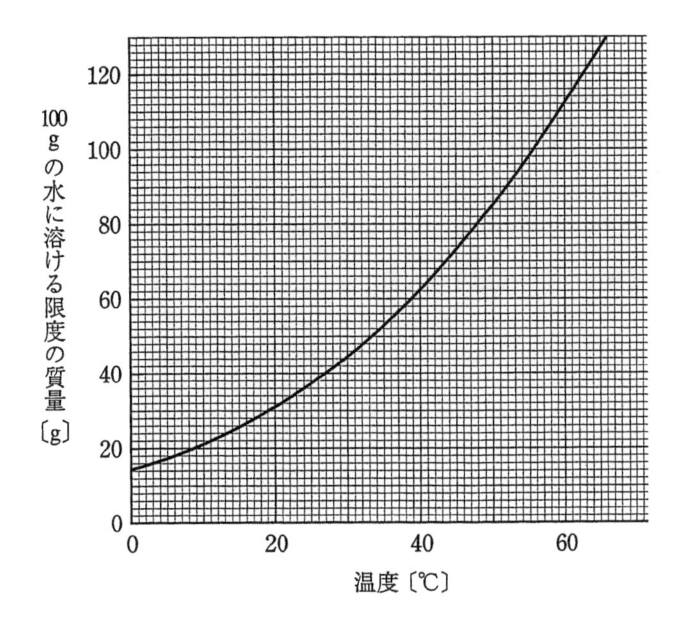

1　50 ℃の水100 gに硝酸カリウムを限度まで溶かした水溶液(飽和水溶液)がある。この水溶液の質量パーセント濃度はおよそいくらか。次のアからオの中から最も適当なものを一つ選び，その記号を書け。

ア　16 %　　**イ**　26 %　　**ウ**　36 %　　**エ**　46 %　　**オ**　86 %

2　1の飽和水溶液100 gを20 ℃に冷やしたら何gの硝酸カリウムが結晶となって出てくるか。次のアからオの中から最も適当なものを一つ選び，その記号を書け。

ア　13 g　　**イ**　29 g　　**ウ**　39 g　　**エ**　49 g　　**オ**　53 g

問 2　四つの異なる気体W，X，Y，Zがある。気体Wの中では火のついた線香は激しく燃えた。気体Xは，これらの気体の中で最も水によく溶ける。気体Yは，これらの気体の中で最も軽い。また，気体Zは，無色で無臭である。気体W，X，Y，Zは，次の**ア**から**エ**のいずれかの方法で発生した気体である。それぞれの気体の発生方法として適切なものを一つずつ選び，その記号を書け。

ア　うすい塩酸に亜鉛を加える。

イ　二酸化マンガンにオキシドール(うすい過酸化水素水)を加える。

ウ　塩化アンモニウムと水酸化カルシウムを混ぜたものを熱するか，または塩化アンモニウムと水酸化ナトリウムを混ぜたものに水を加える。

エ　石灰石にうすい塩酸を加える。

4 塩酸と炭酸カルシウム $CaCO_3$ を用い，次のような実験を行った。これについて，下の問1から問3に答えよ。

実験

手順1：同じ種類のビーカーを4個用意し，それぞれA，B，C，Dとラベルをつけ，空の状態で質量を測定した。

手順2：AからDのビーカーに，同じ濃さの塩酸 50.00 g を入れた。

手順3：ビーカーAに炭酸カルシウムを 2.00 g，ビーカーBには炭酸カルシウムを 4.00 g，ビーカーCには炭酸カルシウムを 8.00 g 加えた。炭酸カルシウムは少しずつ加え，ビーカー内の様子を観察した。

手順4：反応が終了した後，ビーカー全体の質量を測定した。

観察

ビーカーA，ビーカーBの実験では，塩酸に炭酸カルシウムを加えると気体が発生した。反応が終わった後のビーカー内の液体は，無色透明で沈殿物はなかった。ビーカーCの実験では，塩酸に炭酸カルシウムを少しずつ加えていくと，はじめは気体を発生したが，やがて気体は発生しなくなり，加えた炭酸カルシウムの一部は溶けずに残った。

結果

実験の結果は下の表にまとめられた。

ビーカー名	A	B	C	D
空のビーカーの質量〔g〕	62.41	61.84	61.02	61.76
加えた塩酸の質量〔g〕	50.00	50.00	50.00	50.00
加えた炭酸カルシウムの質量〔g〕	2.00	4.00	8.00	
反応終了後のビーカー全体の質量〔g〕	113.53	114.08	116.82	

問1 ビーカーAやビーカーBで，塩酸に炭酸カルシウムを入れたときに発生した気体を調べると二酸化炭素であることが分かった。このことから，塩酸に炭酸カルシウムを加えたときに起こる反応を，化学反応式で表すと次のようになる。空欄①に適当な整数を，空欄②に適当な化学式を書け。

$CaCO_3$ ＋［ ① ］HCl ⟶ $CaCl_2$ ＋ H_2O ＋［ ② ］

問 2　ビーカーDに，炭酸カルシウムを3.00 g加えた。発生する気体は何gか。小数第2位まで答えよ。ただし，発生した気体が水に溶ける量は無視できるものとする。

問 3　ビーカーCの水溶液をろ過し，図のような装置を使ってろ液に電流が流れるかどうか調べたところ，豆電球が点灯した。また，別のビーカーに入れた水に炭酸カルシウムを入れ，十分かき混ぜた後でろ過し，そのろ液で同様の実験をしたところ，豆電球は点灯せず電流計の針も振れなかった。これらの実験結果からビーカーCのろ液について推測できることは何か。次の**ア**から**カ**の中から最も適当なものを一つ選び，その記号を書け。

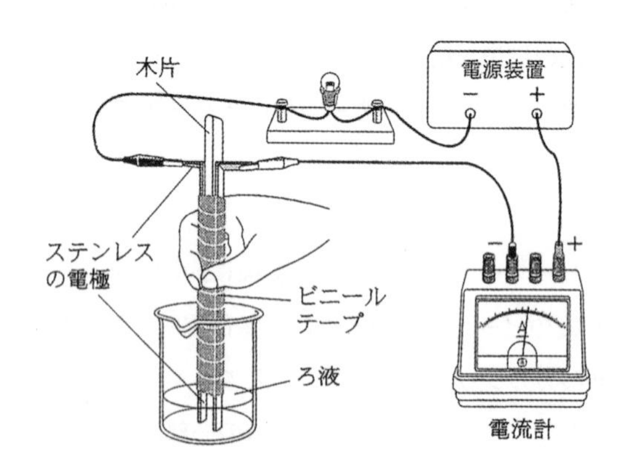

ア　溶けている物質は $CaCl_2$ で非電解質である。

イ　溶けている物質は $CaCO_3$ で非電解質である。

ウ　溶けている物質は HCl で非電解質である。

エ　溶けている物質は $CaCl_2$ で電解質である。

オ　溶けている物質は $CaCO_3$ で電解質である。

カ　溶けている物質は HCl で電解質である。

5 図1は被子植物の花のつくりを模式的に表したもの，図2はある種子の断面を模式的に表したものである。

また，図3はある植物の体細胞分裂の様子を観察したもので，図4は図3のAからFの細胞をスケッチしたものである。

次の問1から問3に答えよ。

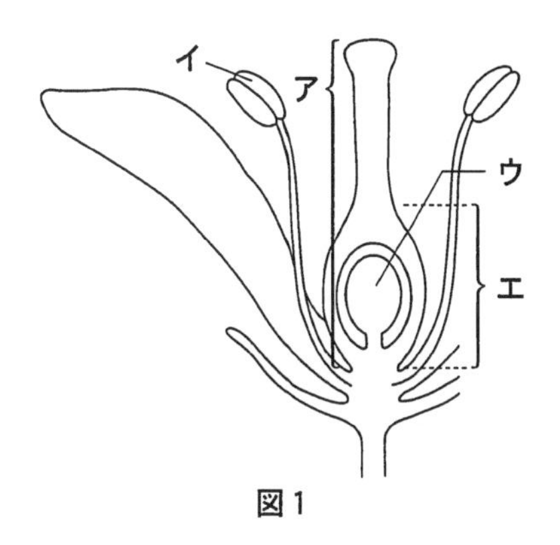

図1

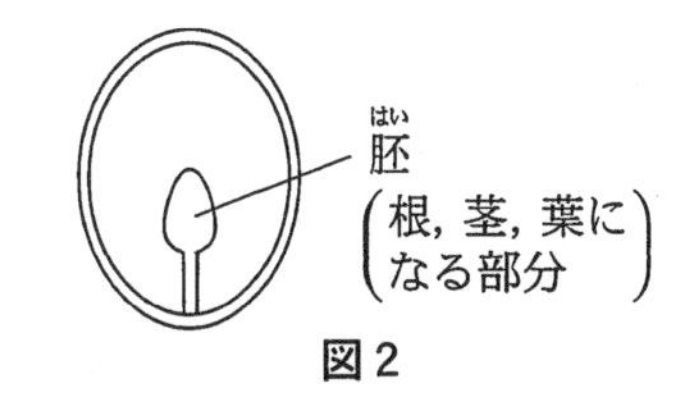

図2

問1　図1の花のつくりの中で，将来種子になる部分はどこか。図中のアからエの中から最も適当なものを一つ選び，その記号を書け。また，その部分の名称を書け。

問2　図4のAの細胞には染色体が16本あった。この植物では，次の①から③の染色体の数は一つの細胞あたり何本あるか。それぞれの数を答えよ。

①　卵細胞　　②　精細胞　　③　胚

問3　図4のAからFの細胞を，体細胞分裂の進む順に並べ替え，解答欄に左から順にその記号を書け。

ただし，Cの細胞を分裂の始まりとして答えよ。

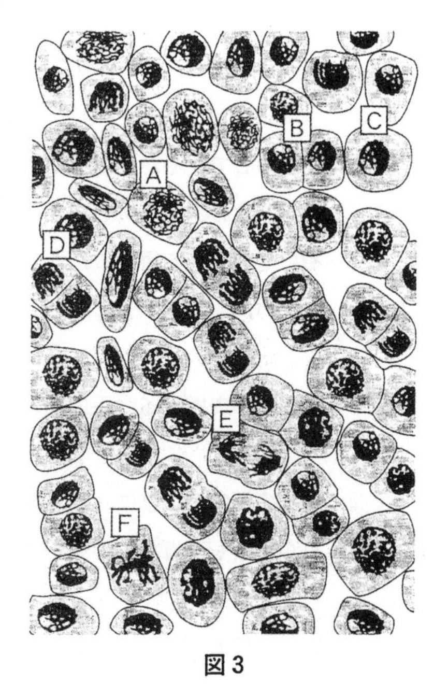

図3

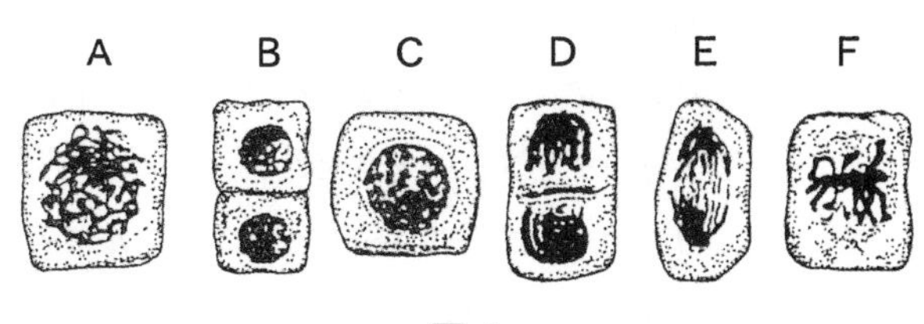

図4

6 次のA，Bのような，刺激に対する人の反応について，次の問1から問3に答えよ。

A　右の図のように輪になって手をつなぐ。隣の人に手を握られたらすぐに次の人の手を握り，次々に握っていった。かかった時間を測定し，手を握られてから次の人の手を握るまでの時間を求めたら，一人当たり約0.2秒だった。

B　熱いやかんに手が触れたとき，熱いと感じる前に無意識に手を引っ込めた。

問1　上のAの反応で，一人が手を握られてから次の人の手を握るまでに，信号はどのような経路で伝わるか。次の**ア**から**カ**の中から必要なものを用いて，信号が伝わる順に並べ，解答欄に左から順にその記号を書け。ただし，**ア**を最初，**イ**を最後とする。また，同じ記号を複数回用いてもよい。

ア　手の皮膚　**イ**　手の筋肉　**ウ**　運動神経　**エ**　感覚神経　**オ**　せきずい　**カ**　脳

問2　上のBで，やかんに手が触れてから手を引っ込めるまでに，信号はどのような経路で伝わるか。次の**ア**から**カ**の中から必要なものを用いて，信号が伝わる順に並べ，解答欄に左から順にその記号を書け。ただし，**ア**を最初，**イ**を最後とする。また，同じ記号を複数回用いてもよい。

ア　手の皮膚　**イ**　手の筋肉　**ウ**　運動神経　**エ**　感覚神経　**オ**　せきずい　**カ**　脳

問3　Bの反応のように，無意識に起こる反応を特に反射という。次の**ア**から**エ**のうち反射はどれか。最も適当なものを一つ選び，その記号を書け。

ア　自転車で走っていたら，人にぶつかりそうになったので，とっさにブレーキを握って自転車を止めた。

イ　目に光を当てたら，ひとみ(瞳孔)が小さくなった。

ウ　徒競走のタイムを計るために，スタートのピストルの煙が出るのを見て，すぐにストップウォッチをスタートさせた。

エ　サッカーのゴールキーパーが，ゴールに入りそうになったボールを，とっさに手を伸ばしてキャッチした。

2013(平成25)年度

7 天体(人工天体も含む。)の回転について，次の問 1 から問 3 に答えよ。

天体の回転運動の一種である自転とは「天体がその内部を通る回転軸を中心にして回る運動」であり，公転とは「天体がほかの天体のまわりを回る運動」であると説明される。また，それぞれの運動が繰り返される周期を「自転周期」・「公転周期」と呼ぶ。

問 1　多目的衛星「ひまわり」は，赤道上約 3 万 6 千 km の公転軌道上にあり，気象衛星としては，地球の雲画像などを気象情報として地球に送信している。地上からはいつも空の同じ位置にあるので「静止衛星」と呼ばれ，受信用のアンテナは方向を変える必要はない。このことについて，「ひまわり」の公転周期と，地球の公転周期，自転周期はそれぞれどのような関係になっているのだろうか。次の表の**ア**から**エ**の中から最も適当なものを一つ選び，その記号を書け。

なお，次の表では，地球の公転周期と自転周期をそれぞれ A と B で表し，C は A，B とは異なるゼロでない数値を表す。また，×はその回転をしていないことを表す。

	地球		「ひまわり」
	公転	自転	公転
ア	A	B	A
イ	A	B	B
ウ	A	B	C
エ	A	B	×

問 2　地球上の同じ場所から約 1 か月間毎日同じ時刻に月を観測すると，月が見える方向と光っている部分の形は毎日変化するが，月面の模様は変化しないことから，月そのものは常に同じ面を地球に向け続けるように回転していることが分かる。したがって地上からは月の裏側を直接見ることはできない。では月に行き，月面上の常に地球に向いている場所から移動せずに地球を約 1 か月間観測できたとしたら，月面から見上げた空の中で，地球はどのように見えるだろうか。次の**ア**から**エ**の中から最も適当なものを一つ選び，その記号を書け。

ア　地球は，光っている部分の形が変わり満ち欠けをしながら，その位置を変え移動して行く。

イ　地球は，光っている部分は同じ形のままで満ち欠けはせず，その位置を変え移動して行く。

ウ　地球は，光っている部分の形が変わり満ち欠けをしながら，その位置は変えずに，空の一点にある。

エ　地球は，光っている部分は同じ形のままで満ち欠けはせず，その位置は変えずに，空の一点にある。

問 3　月には地球のように大気の層がないので，月面では昼でも空は真っ黒に見え，その中で太陽は，地球から見た満月の大きさで，一番明るく輝いている。地球では太陽と星座を同時には観測できないが，月からはこの観測が行えるはずである。地球から見て月が下弦の月に見えるある日，月面上のある地点からは，太陽がやぎ座とみずがめ座の間に見えたとする。その 2 週間後に月面上を移動して再び太陽が観測できたとする。その時太陽はどの星座の方向に見えるか。下のアからエの中から最も適当なものを一つ選び，その記号を書け。

ただし，地球から見たときの太陽が重なって見える星座は，おおよそ各月で以下のようになっているものとする。

うお座	みずがめ座	やぎ座	いて座	さそり座	てんびん座
4 月	3 月	2 月	1 月	12 月	11 月

おとめ座	しし座	かに座	ふたご座	おうし座	おひつじ座
10 月	9 月	8 月	7 月	6 月	5 月

ア　さそり座　　イ　しし座　　ウ　おうし座　　エ　みずがめ座

8 燃料として使われる石炭は，大昔の植物が地中に埋もれて変質してできた物質である。北海道の石狩炭田では現在も石炭の採掘が行われている。次の図は，ある川岸の崖（がけ）で見られる石炭を含む地層をスケッチしたものである。東西方向の崖を南側から見たもので，地層がしゅう曲している様子が観察できる。この地層は，新生代に堆積したものであることが分かっている。これに関連して，下の問1から問3に答えよ。

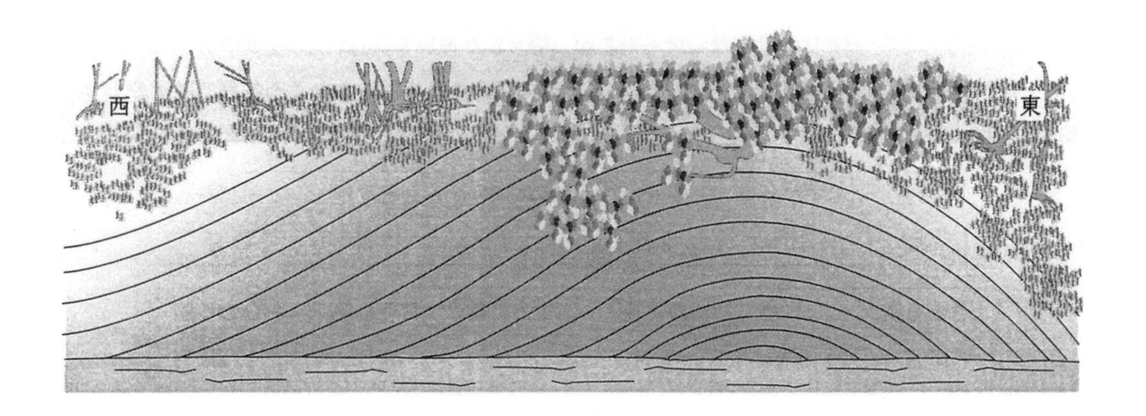

問1　石炭を含む地層からは化石が見つかることがあり，それを手がかりにして，地層がどのような環境で堆積したかが地質学者らによって推測されている。このように堆積した当時の環境を知る手がかりとなる化石を何と言うか。その名称を書け。

問2　図に示された地層のしゅう曲は，大地にどのような力が加わった結果できたものか。次の**ア**から**エ**の中から最も適当なものを一つ選び，その記号を書け。

ア　東西方向に両側から押された結果できた。
イ　東西方向に両側から引っ張られた結果できた。
ウ　南北方向に両側から押された結果できた。
エ　南北方向に両側から引っ張られた結果できた。

問3　日本で産出される石炭の大部分は新生代に堆積したものである。これに対して，イギリスやドイツで産出される石炭は古生代に堆積したものが多い。これらの時代に海底で堆積した地層についてどのようなことが言えるか。新生代の地層をA，古生代の地層をBとした場合，次の**ア**から**オ**の中から最も適当なものを一つ選び，その記号を書け。

ア　Aからはアンモナイトの化石が，Bからはビカリアの化石が見つかることがある。
イ　Aからはビカリアの化石が，Bからはフズリナの化石が見つかることがある。
ウ　Aからはフズリナの化石が，Bからは恐竜の化石が見つかることがある。
エ　Aからはアンモナイトの化石が，Bからは恐竜の化石が見つかることがある。
オ　三葉虫の化石はAから見つかることがあるが，Bから見つかることはない。

1 次の文章は，始祖鳥(しそちょう)について述べたものである。これを読んで，下の問 1 から問 3 に答えよ。

始祖鳥の化石は，1861 年にドイツでおよそ 1 億 5000 万年前の地層から発見された。この化石の大きさはハトぐらいで，羽毛があることが分かった。さらに，くちばしに歯があること，つばさの先につめがあることから，始祖鳥はハ虫類と鳥類の中間の動物であると考えられている。

問 1　ハ虫類と鳥類には共通な特徴もあるが，明らかな違いも見られる。次の**ア**から**エ**のうち，鳥類にはあるがハ虫類にはない特徴はどれか。当てはまるものを一つ選び，その記号を書け。

ア　殻のある卵を陸上に産む。
イ　子も親も肺呼吸をする。
ウ　体温がほぼ一定に保たれている。
エ　体表がうろこでおおわれている。

問 2　次の**ア**から**エ**の化石のうち，始祖鳥が見つかった地層よりも古い地層で見つかるものはどれか。当てはまるものをすべて選び，その記号を書け。

ア　マンモスやナウマンゾウ　**イ**　三葉虫　**ウ**　ビカリア
エ　フズリナ(ボウスイチュウ)

問 3　次の**ア**から**オ**の生物の進化に関する考えのうち，始祖鳥の化石がその考えの根拠となりうるものはどれか。適切なものを二つ選び，その記号を書け。

ア　すべての生物は，共通の祖先から進化した。
イ　現在の生物は，過去の生物が変化して生じた。
ウ　鳥類は，中生代以降に出現した。
エ　ホ乳類は，ハ虫類のあるものから進化した。
オ　せきつい動物のなかまは，水中で誕生し陸上に進出していった。

2 次の手順1から3のようにして，植物の茎や葉の蒸散によって，水分がどれくらい放出されるかを調べる実験をした。これに関連した下の問1，問2に答えよ。

手順1：3本のメスシリンダーA，B，Cに同じ質量の水を入れ，さらに次のものを入れて，それぞれの全体の質量を電子天秤（てんびん）で測定した。

A：葉のついたままの茎

B：葉を取り除いた茎

C：ガラス棒

（それぞれの茎，ガラス棒は同じくらいの大きさにした。）

手順2：手順1で準備したメスシリンダーA，B，Cを明るく風通しの良い窓際に1日置いた。

手順3：手順2の後に，メスシリンダーA，B，Cとそれぞれに入れたものの全体の質量を再度電子天秤で測定し，1日に減った水の質量を求めた。

問1　上の実験で，メスシリンダーA，B，Cにおいて1日に減った水の質量をそれぞれa，b，cとする。次の①，②の水の質量をa，b，cを使って表すとどうなるか。下の**ア**から**カ**の中から最も適当なものをそれぞれ一つずつ選び，その記号を書け。

①　葉と茎からの蒸散によって，1日に減った水の質量

②　葉からの蒸散によって，1日に減った水の質量

ア　a－b　　**イ**　a－b＋c　　**ウ**　a－b－c

エ　a＋b　　**オ**　a＋b－c　　**カ**　a－c

問2　次の文は植物のからだのはたらきについて述べている。文中の空欄①から③に当てはまる最も適当な用語を，下の**ア**から**ク**の中からそれぞれ一つずつ選び，その記号を書け。

植物の根から取り入れられた水は，葉で二酸化炭素とともに［　①　］の材料として使われたり，水蒸気として葉の［　②　］から放出されている。このはたらきにより，水や水に溶けた養分が［　③　］を通ってからだ全体に運ばれていく。

ア　光合成　　**イ**　黄道　　**ウ**　気孔　　**エ**　リンパ管

オ　維管束　　**カ**　呼吸　　**キ**　葉緑体　　**ク**　気管

3 次の岩石についての文章を読み，下の問１から問３に答えよ。

表面がよく磨(みが)かれた丸い５種類の「石ころ」を河原で採取して①から⑤の番号を付けた。これらは，砂岩，安山岩，でい岩，れき岩，花こう岩のいずれかであることは分かっている。下には，それぞれをルーペで見てスケッチした図と，細かく観察した結果を示してある。

スケッチした図(各図はどれも，ほぼ同倍率で示されている。)

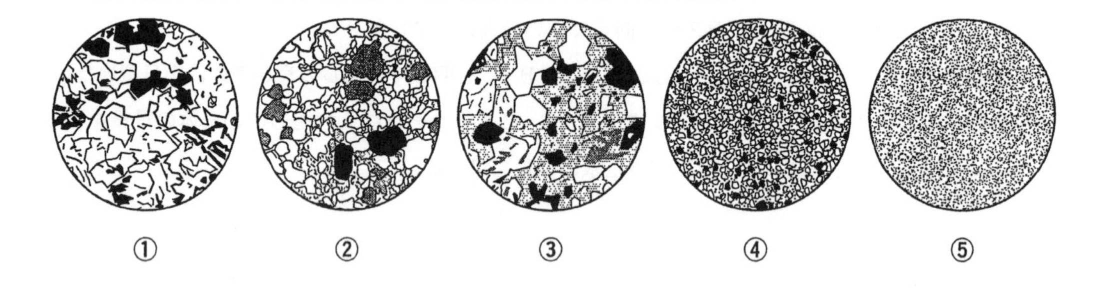

細かく観察した結果

① ほぼ同じ大きさの，角ばった粒が組み合わさっているのが見られた。

② さまざまな大きさの粒からできていたが，大きなものは２mm を超え，丸みを帯びていた。

③ 大きさの異なる粒の組み合わせが見られ，ところどころに角ばった粒があるが，その周りには，非常に小さな粒が見られた。

④ 0.1～２mm くらいの丸みを帯びた粒が見られた。

⑤ ルーペでは細かくは判別しにくいが，丸みを帯びた小さな粒が見られた。

問１ ①から⑤の５種類の岩石は，それぞれ何か。解答欄のそれぞれの岩石名に当てはまる番号を書け。

問 2　火成岩の組織のでき方について正しい記述を，次の**ア**から**エ**の中から一つ選び，その記号を書け。

ア　地下深くから深成岩が上昇して地表の火山に近づくと，火山は高温なのでとけて，はん状組織になる。

イ　地下深くから深成岩が上昇してくる時に，周りとの摩擦により破壊されて，等粒（とうりゅう）状組織になる。

ウ　地下深くからマグマが上昇してくると，地表や地表近くで低温になるので，はん状組織になる。

エ　地下深くからマグマが上昇してくると，その熱により地表近くの岩石が熱せられて，等粒状組織になる。

問 3　火成岩の組織のでき方を類推（るいすい）する実験として正しいものはどれか。次の**ア**から**オ**の中から最も適当なものを一つ選び，その記号を書け。

ア　うすい塩酸に亜鉛板と銅板を入れて溶け方の違いを観察する。

イ　ミョウバン水溶液，もしくは加熱したサリチル酸フェニルの，冷やす速さを変えて状態の変化を観察する。

ウ　砂と泥を水の入ったペットボトルに入れてよくかき混ぜた後，時間ごとの沈殿の違いを観察する。

エ　硫黄（いおう）と鉄粉を混ぜて試験管の中でその上部が赤くなるまで徐々に加熱して，そのようすを観察する。

オ　酸化銅と炭素の粉末を混ぜて加熱し，反応前後の色の違いを観察する。

4 次の問1から問3に答えよ。

問 1　日本付近では，寒気と暖気が接することが多く，前線ができやすい。前線にはいくつかの種類があるが，このうち寒冷前線はどのような前線か。次の**ア**から**ク**の中から最も適当な組み合わせを一つ選び，その記号を書け。

	前線付近での大気のようす	前線付近の特徴的な雲	天気図で前線を表す記号
ア	寒気の上を暖気がなだらかにはい上がる。	積乱雲	▲▲▲
イ	寒気の上を暖気がなだらかにはい上がる。	積乱雲	●●●
ウ	寒気の上を暖気がなだらかにはい上がる。	乱層雲	▲▲▲
エ	寒気の上を暖気がなだらかにはい上がる。	乱層雲	●●●
オ	寒気が暖気の下にもぐりこみ，暖気が急速に押し上げられる。	積乱雲	▲▲▲
カ	寒気が暖気の下にもぐりこみ，暖気が急速に押し上げられる。	積乱雲	●●●
キ	寒気が暖気の下にもぐりこみ，暖気が急速に押し上げられる。	乱層雲	▲▲▲
ク	寒気が暖気の下にもぐりこみ，暖気が急速に押し上げられる。	乱層雲	●●●

問 2　ある日，花子さんの乗った船が，本州南方の小笠原（おがさわら）諸島近海を東から西に向けて航行していて，正午に温暖前線を通過した。このとき花子さんが観測した天気の変化について，次の**ア**から**エ**の中から最も適当なものを一つ選び，その記号を書け。

ア　朝は晴れ間も見えたが，午前10時ごろから激しい雷雨に見舞われた。しかし，その後，正午過ぎには雨が上がって天気は回復し，気温は低下した。

イ　朝は風もない穏やかな晴天であったが，正午過ぎから空一面が層状の雲に覆われるようになるとともに，気温が低下した。

ウ　午前中は晴れていたが，正午過ぎから急速に雲に覆われ，激しい雷雨に見舞われるとともに，気温が上昇した。

エ　午前中から雨が降っていたが，正午ごろには雨が上がって天気は回復し，気温は上昇した。

問 3　エアコンには，室温を変化させるほか，室内の水蒸気の一部を水に変えて室外に排出することで湿度を下げる機能もある。ある夏の日，容積が 25 m^3 の部屋で温度計と湿度計を用いて計測したところ，室温 30 ℃，湿度 70 % であった。そこで，エアコンを作動させて 1 時間後に再度計測したところ，室温 28 ℃，湿度 50 % になっていた。この 1 時間に室内の水蒸気は何 g 減少したか。下の**表**をもとに，次の**ア**から**オ**の中から最も適当なものを一つ選び，その記号を書け。ただし，部屋の容積には家具などの存在は考えないものとする。また，室内にいる人間などによって新たに水蒸気が供給されることもないものとする。

ア　8 g

イ　80 g

ウ　112 g

エ　175 g

オ　192 g

表　気温と飽和水蒸気量の関係

気温〔℃〕	25	26	27	28	29	30	31	32
飽和水蒸気量〔g/m^3〕	23.1	24.4	25.8	27.2	28.8	30.4	32.1	33.8

5 酸やアルカリについて**実験１—１**，**実験１—２**，**実験２**を行った。これについて，下の問１から問３に答えよ。

実験１—１

図のように，スライドガラスに食塩水でしめらせたろ紙をのせ，その上にリトマス紙をのせ，さらにその上に水溶液Ｘをしみこませた細いろ紙をのせた後，電圧を加え電流を流した。

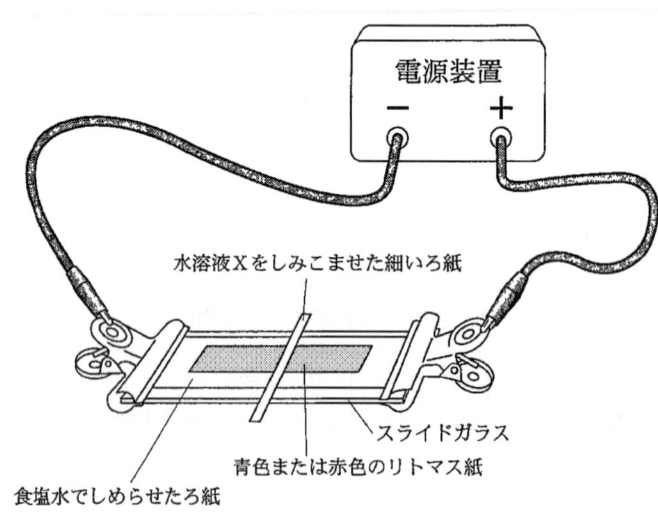

問１　食酢を水溶液Ｘとして用いた場合に実験でどのようなことが観察されるか。次の**ア**から**カ**の中から最も適当なものを一つ選び，その記号を書け。

ア　青いリトマス紙を用いると，赤色に変化した部分が＋極側に広がった。

イ　青いリトマス紙を用いると，赤色に変化した部分が−極側に広がった。

ウ　赤いリトマス紙を用いると，青色に変化した部分が＋極側に広がった。

エ　赤いリトマス紙を用いると，青色に変化した部分が−極側に広がった。

オ　青いリトマス紙を用いると，黄色に変化した部分が＋極側に広がった。

カ　青いリトマス紙を用いると，黄色に変化した部分が−極側に広がった。

実験１―２

次にリトマス紙のかわりにpH試験紙を用いる。ただし，実験で用いるpH試験紙ではpHが7付近では緑色，pHが7より小さくなるとだいだい色，pHが7より大きくなると青色になる。台所にあった水溶液を水溶液Xとして用い実験を行う。pH試験紙の上にその水溶液をしみこませた細いろ紙をのせたところ，以下のような観察結果を得た。

観察結果：pH試験紙全体の色は緑色であるが，水溶液をしみこませた細いろ紙の周りの部分は青色に変化していた。

問２　この観察結果から予想されることは何か。次の**ア**から**カ**の中から最も適当なものを一つ選び，その記号を書け。

ア　水溶液は酸性で，電圧を加えると青色の部分が－極側に広がる。
イ　水溶液は酸性で，電圧を加えると青色の部分が＋極側に広がる。
ウ　水溶液はアルカリ性で，電圧を加えると青色の部分が－極側に広がる。
エ　水溶液はアルカリ性で，電圧を加えると青色の部分が＋極側に広がる。
オ　水溶液はアルカリ性で，電圧を加えるとだいだい色の部分が－極側に広がる。
カ　水溶液はアルカリ性で，電圧を加えるとだいだい色の部分が＋極側に広がる。

実験２

ある酸の水溶液に水酸化バリウム水溶液を一滴ずつたらし，中和させた。その際，水溶液が白くにごり，そのまま静かにしておくと底に沈殿物がたまった。その後，沈殿物について詳しく調べると硫酸バリウムであることが分かった。

問３　この酸の電離は下のように表される。空欄①から③に最も適当な化学式やイオンを表す記号(イオン式)を書け。

［　①　］ ⟶ 2［　②　］＋［　③　］

6 下図のような装置を用い，水素の燃焼実験を行った。なお，ここで用いた水素および酸素は，1000 cm^3 当たり，それぞれ 0.084 g，1.332 g であった。下の問 1，問 2 に答えよ。

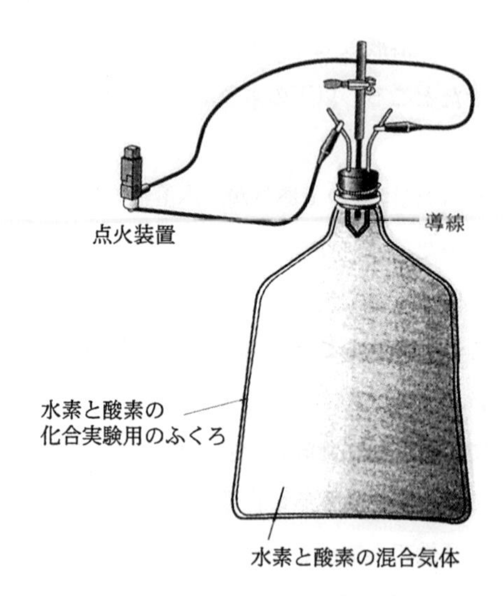

問 1　水素 70 cm^3 と酸素 35 cm^3 を混ぜてつくった混合気体 105 cm^3 に点火すると，水素の燃焼によって水ができた。その際，水素も酸素も残らず反応し，すべて水になった。

1　この変化を化学反応式で表すと次のようになった。空欄ア，イには整数を書き，空欄 X，Y，Z には化学式を書き，この化学反応式を完成せよ。

（　ア　）[　X　] + [　Y　] ⟶ （　イ　）[　Z　]

2　この反応で生成した水の質量は何 g か。答えは，小数第 4 位を四捨五入し，小数第 3 位まで書け。

問 2　次に，水素 60 cm^3 と酸素 60 cm^3 を混ぜてつくった混合気体 120 cm^3 に点火した。すると，水が生成するとともに，水素または酸素のいずれか一方の一部が残った。どちらの気体がどれだけ残ったか，最も適当なものを，次の**ア**から**ク**の中から一つ選び，その記号を書け。なお，燃焼実験に用いる混合気体中の水素と酸素の体積やその比がいろいろと変わっても，反応する水素と酸素の体積の比は同じである。

ア　水素が 0.045 g 残った。
イ　水素が 0.030 g 残った。
ウ　水素が 0.005 g 残った。
エ　水素が 0.003 g 残った。
オ　酸素が 0.600 g 残った。
カ　酸素が 0.400 g 残った。
キ　酸素が 0.060 g 残った。
ク　酸素が 0.040 g 残った。

7 同じ電気抵抗をもつ電熱線を5本使い，図1のように3通りの組み合わせにして端子を付けた。それらを，中身が見えず電気も通さない材質で作られた箱A，B，Cのどれかに一つずつ収め，箱の上面から端子を貫通させて箱の外から配線できるようにし，図2のようにつないだ。その電流と電圧を測定したところ，表に示す測定値を得た。下の問1から問3に答えよ。

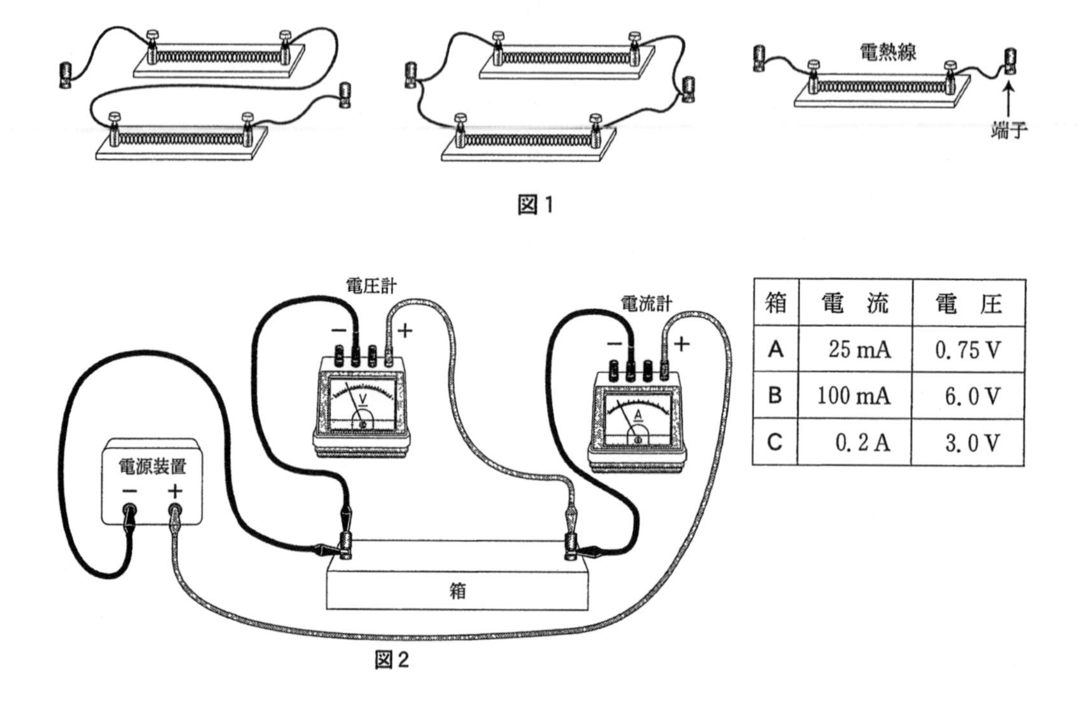

図1

図2

箱	電　流	電　圧
A	25 mA	0.75 V
B	100 mA	6.0 V
C	0.2 A	3.0 V

問 1　箱についた端子間の電気抵抗が大きい順に箱の記号を書け。

問 2　使用した電熱線1本の電気抵抗は何Ωか。整数で答えよ。

箱Cと同じ中身の箱をもう一つ用意し，図3のように箱の端子どうしを直列に接続して回路を作った。

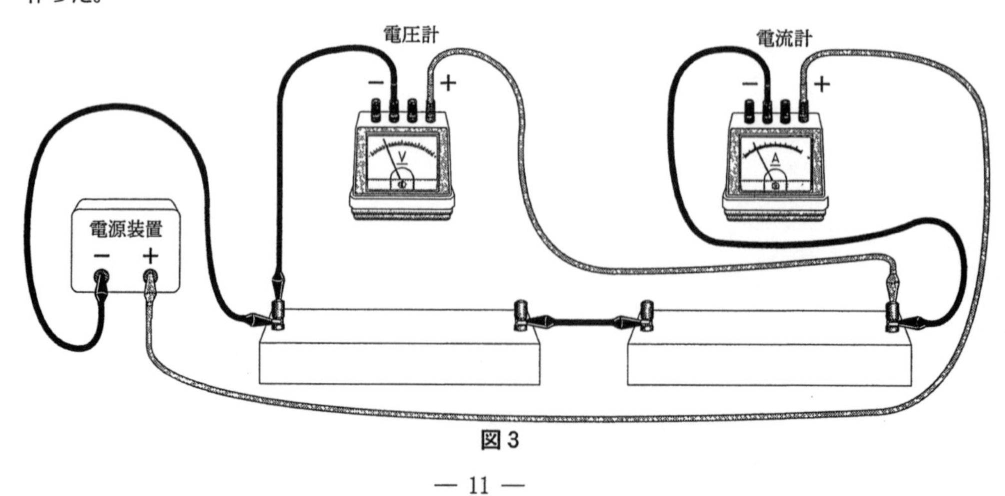

図3

問 3　電圧計と電流計の指示はどうなるか。次の**ア**から**ウ**の中から最も適当なものを一つ選び，記号で書け。なお，箱の内部の電熱線の数やつなぎ方にかかわらず，端子間を一つの電気抵抗として考えることができる。

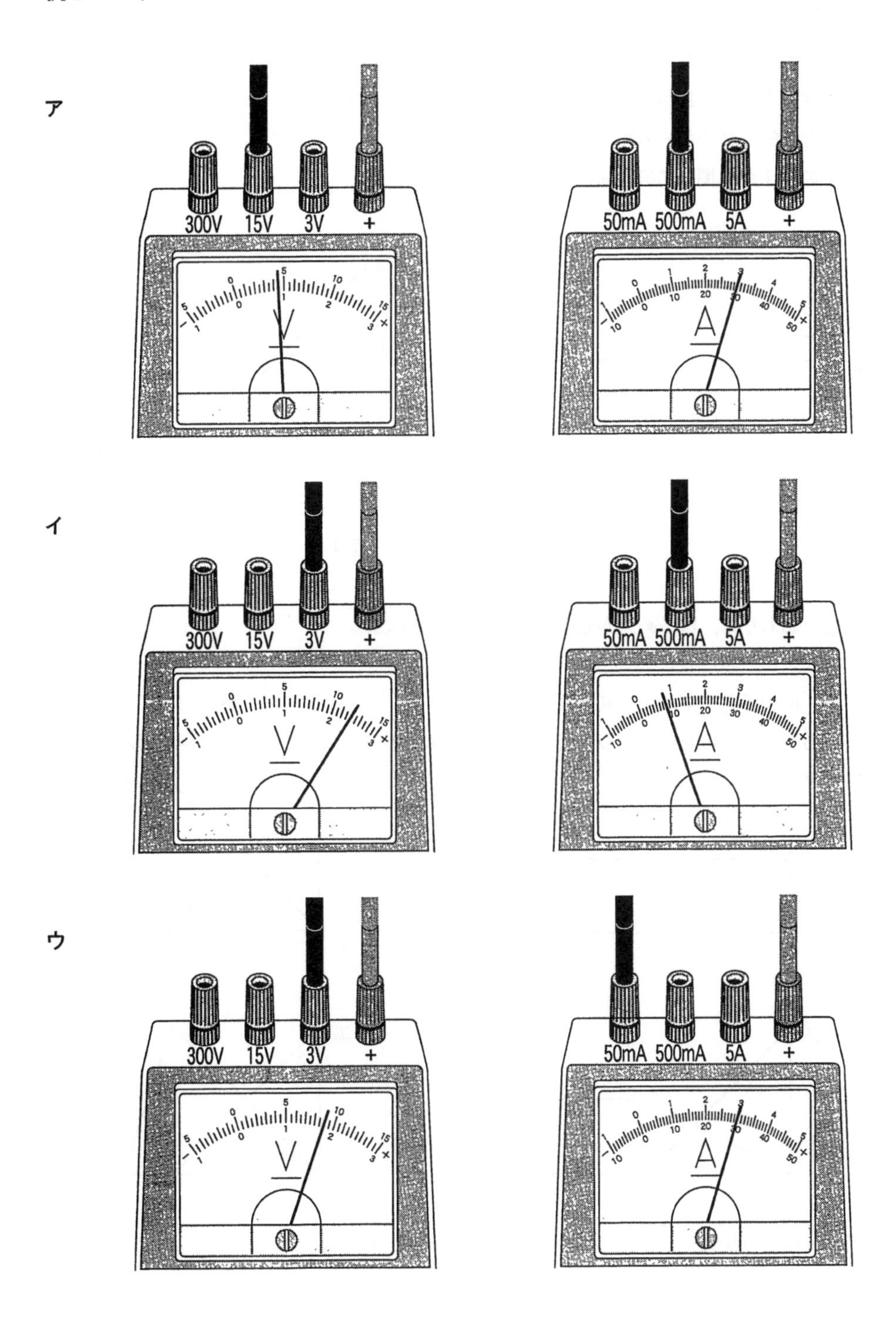

8 図1のように摩擦のない水平な面上に物体Aが置いてある。これに軽くて伸びない糸が結ばれ，なめらかな滑車を通した糸の他端には，おもりBがつるされている。AとBの質量は等しい。はじめ，Aを手で押さえて止めておき，静かに離した。すると，Bが床に着くまで，Aの速さは増し続けた。Bは床に着くと，その運動エネルギーを失い，すぐに止まった。

図2は，Bの位置エネルギーを表すグラフであり，横軸はAの移動距離，縦軸はエネルギーを示す。ここで，Bが床にあるときの位置エネルギーを0とし，Bが床に着く直前までは，AとBの力学的エネルギーの和は一定に保たれている。

下の問1から問4に答えよ。

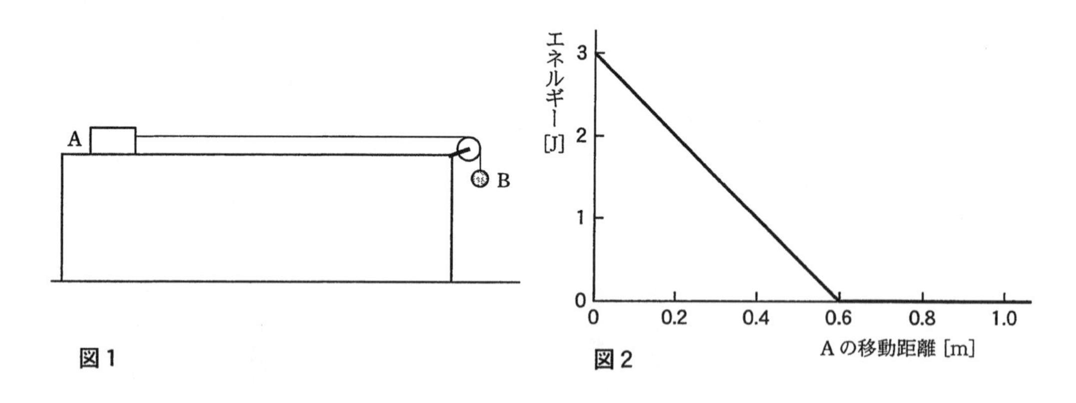

図1　　**図2**

問1　おもりは，はじめ床から何mの高さにあったか。

問2　Aの運動エネルギーを**図2**に重ねて描くと，どのようになるか。次の**ア**から**エ**の中から最も適当なものを一つ選び，その記号を書け。ただし，図中では数値等は省略してある。

ア

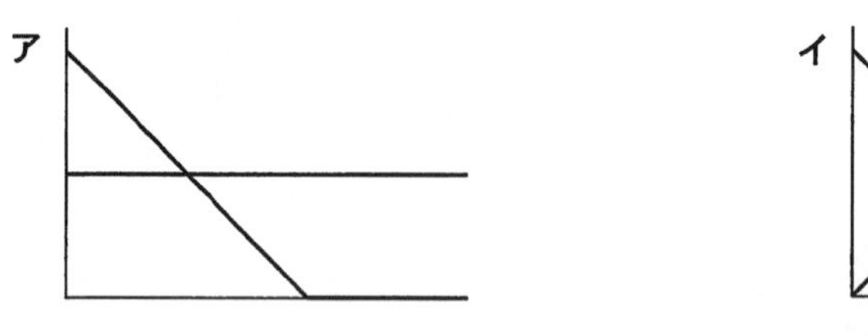

イ

ウ

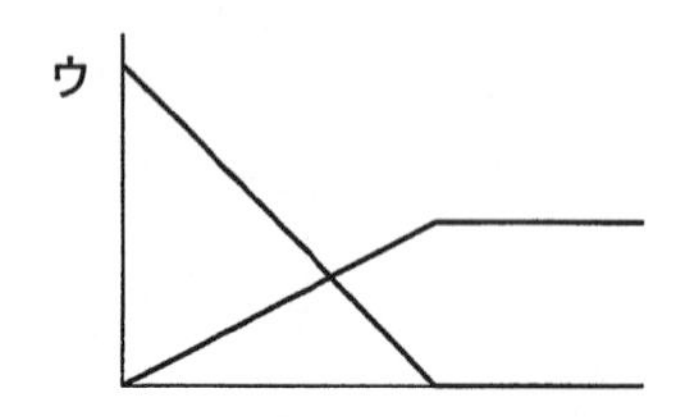

エ

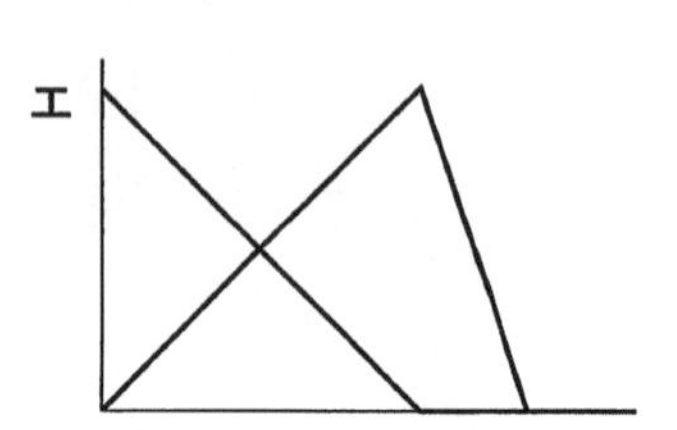

問3　床との衝突でBが失った運動エネルギーは，何Jか。

問4　糸がAを引く力は，Bが床に着くまで一定であった。その力は何Nか。ただし，糸がAを引く力がした仕事は，すべてAの運動エネルギーになったものとする。

2011(平成23)年度

〈時間〉50分　〈満点〉100点

1　身のまわりに見られる植物の花は，基本的なつくりはどれも同じであるが，花を構成する要素の形や数は種類によって異なっている。花のつくりは，植物を分類するための手がかりの一つとなっており，これを図で表したものを「花式図（かしきず）」という。

次の図は，離弁花類に分類されるある植物の花式図を表したものである。これについて，下の問1から問4に答えよ。

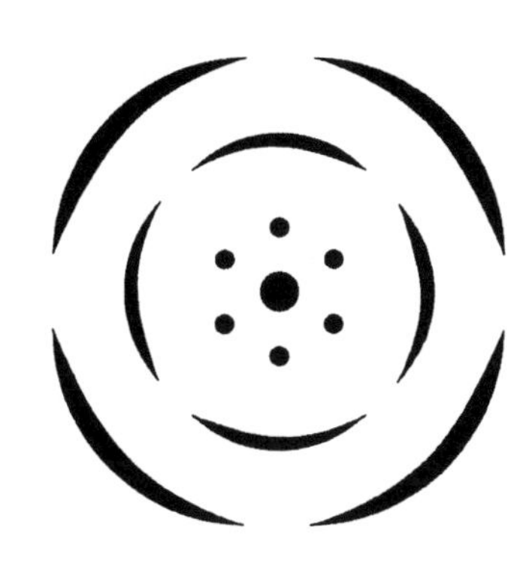

問 1　花を構成する四つの要素を，次の**ア**から**カ**の中から選び，その記号を<u>花の中心から順に</u>書け。

ア　花びら(花弁)　　**イ**　がく　　**ウ**　めしべ
エ　おしべ　　**オ**　子房　　**カ**　種子

問 2　図に表した植物は，どの仲間に属するか。次の**ア**から**エ**の中から適当なものを<u>すべて</u>選び，その記号を書け。

ア　単子葉類　　**イ**　双子葉類　　**ウ**　被子植物　　**エ**　裸子植物

問 3　図に表した植物は何か。次の**ア**から**オ**の中から最も適当なものを一つ選び，その記号を書け。

ア　タンポポ　　**イ**　ユリ　　**ウ**　アブラナ
エ　ツツジ　　**オ**　マツ

問 4　図に表した植物について，次の①から③の特徴として最も適当なものを，下の**ア**から**カ**の中からそれぞれ一つずつ選び，その記号を書け。

①　葉の葉脈　　②　茎の維管束(横断面の様子)　　③　根の様子

ア　平行である　　**イ**　網状である　　**ウ**　輪状に並ぶ
エ　散在する　　**オ**　主根と側根をもつ　　**カ**　ひげ根である

2 次のような観察および実験を行った。ただし，観察に用いた顕微鏡の接眼レンズは，10倍，15倍のいずれかである。また，その後，事典でオオカナダモについて調べた。これらについて，後の問1から問3に答えよ。

観察

(1) 顕微鏡の視野の大きさをはかるために，40倍の倍率で定規の目盛りを観察したところ，**図1**のようになった。定規の最小目盛りは1mmである。

(2) 対物レンズを変えて，オオカナダモの葉を400倍の倍率で観察したら，**図2**のような細胞が見られた。くわしく観察すると，**観察の記録**のようなことが分かった。

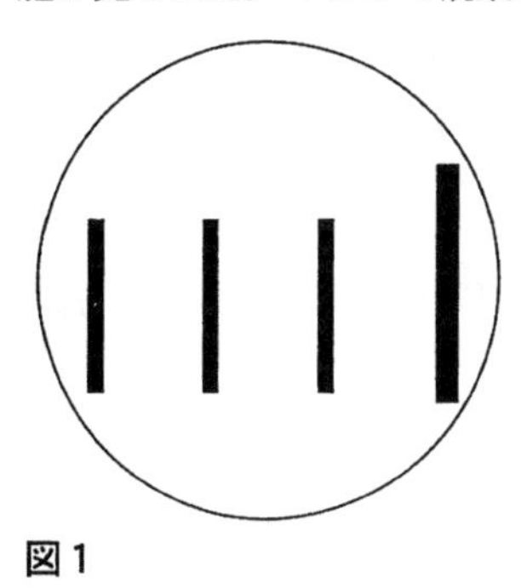

図1

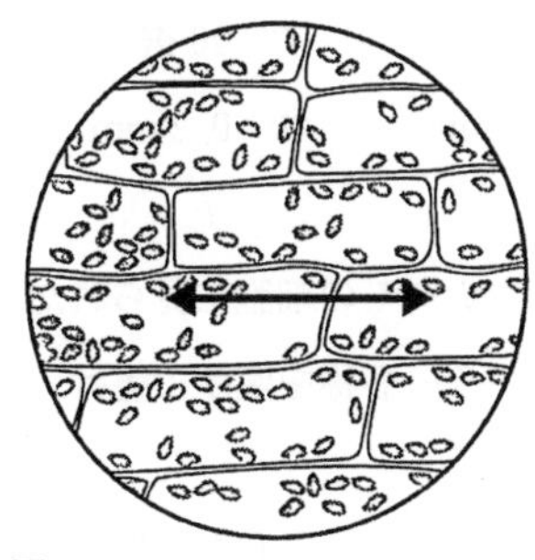

図2

観察の記録

・四角い部屋がぎっしりとブロックべいのように並んでいた。

・部屋のまわりは，透明な厚い層①が見られた。

・部屋の中には緑色の粒がたくさんあり，それ以外の部分は透明であった。

・ある部屋では，緑色の粒がゆっくりと流れるように動いて見えた。

・しぼりで光の量を調節すると，緑色の粒よりも大きな透明な丸い粒②がそれぞれの細胞に一つずつ見つかった。

実験の手順

(1) 水を入れたビーカーにオオカナダモを入れ，十分に光を当てた。

(2) 先端近くの葉を1枚とり，熱湯にしばらくつけてからスライドガラスにのせて，軽く水分をとった。

(3) 葉にヨウ素液を1滴かけてプレパラートを作成し，顕微鏡で観察した。

実験の結果

・観察で見られた緑色の粒の動きは見られず，それらのほとんどは図3のように青紫色に染まっていた。それ以外の部分には青紫色は見られなかった。

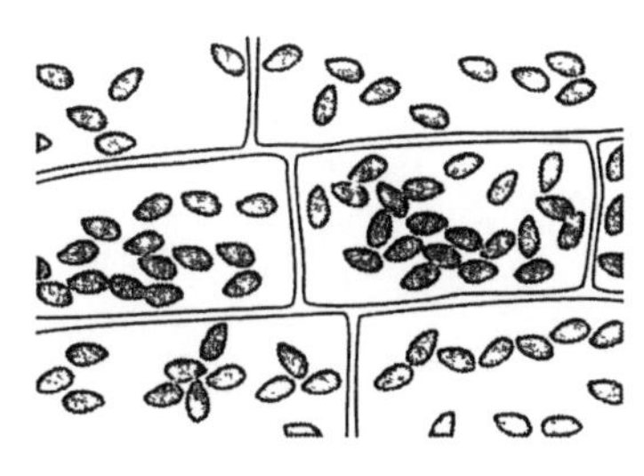

図3

事典で調べて分かったこと

・細胞質が流れるように動く現象を原形質流動と言い，液胞が発達した細胞でよく見られる。

・液胞は成長した植物細胞に見られる袋状の構造で，糖などの栄養分や色素を貯蔵している。

問 1　**図 2** に示したオオカナダモの細胞は，何倍の対物レンズで観察したものであるか。また，一つの細胞の大きさ(図中の矢印の長さ)はどのくらいであるか。次の中から最も適当なものをそれぞれ一つずつ選び，その記号を書け。

ア　10 倍　　**イ**　40 倍　　**ウ**　100 倍　　**エ**　400 倍　　**オ**　1 mm

カ　0.5 mm　　**キ**　0.2 mm　　**ク**　0.1 mm　　**ケ**　0.01 mm

問 2　オオカナダモの細胞に見られた下線①の「透明な厚い層」および下線②の「透明な丸い粒」とは何か。その名称を**漢字**で書け。

問 3　**実験の結果**から，「光合成は，緑色の粒で行われている」と言える。さらに，「二酸化炭素が光合成に使われている」ことを調べるには，**実験の手順**の(1)においてどのような操作を行えばよいか。次の**ア**から**エ**の中から適当なものを二つ選び，その記号を書け。

ア　十分に沸騰(ふっとう)させて気体を除いた水を用いて，十分に光を当てる。

イ　十分に沸騰させて気体を除いた水を用いて，光を当てない。

ウ　十分に沸騰させて気体を除いたあと，二酸化炭素を吹き込んだ水を用いて，十分に光を当てる。

エ　十分に沸騰させて気体を除いたあと，二酸化炭素を吹き込んだ水を用いて，光を当てない。

3 天体に関する次の問１，問２に答えよ。

問１　金星探査機「あかつき」が2010年５月21日，主に金星の大気を観測するために地球を出発した。地球の公転面に沿って金星に向かう途中で仮に地球を撮影できたとする。**図１**に示すような太陽光に照らされた地球の写真が撮影できる最も適当な位置を，次の**図２**の中の**ア**から**カ**の中から一つ選び，その記号を書け。なお，**図２**（軌道図）は地球の北極側から見たものである。

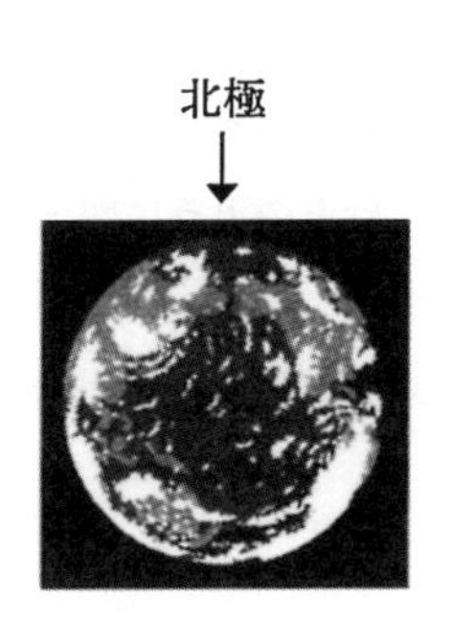

図１　太陽光に照らされて輝く地球

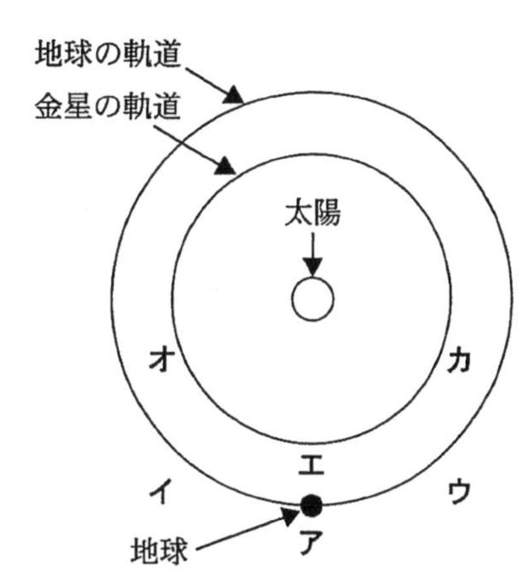

図２　軌道図（金星の位置は示していない）

問２　下の**図３**は，東京において，ある日の日没直後，西と南の空を観測したときの月と金星の位置を模式的に示したものである。観測には天体望遠鏡も用いた。観測の結果，その光って見える部分は，<u>形が同じ</u>で，それぞれの天体のちょうど<u>半分</u>であった。次の１から３に答えよ。

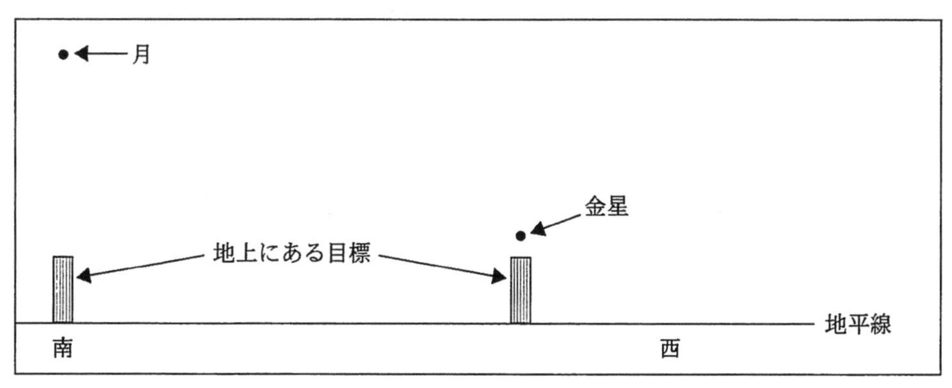

図３

1　もしこの日に月から地球を観測できたとしたら，どのように見えるか。次の**ア**から**オ**の中から地球の光っている部分の正しい形として最も適当なものを一つ選び，その記号を書け。なお，図中の矢印はおおよそ北極を表しているものとする。

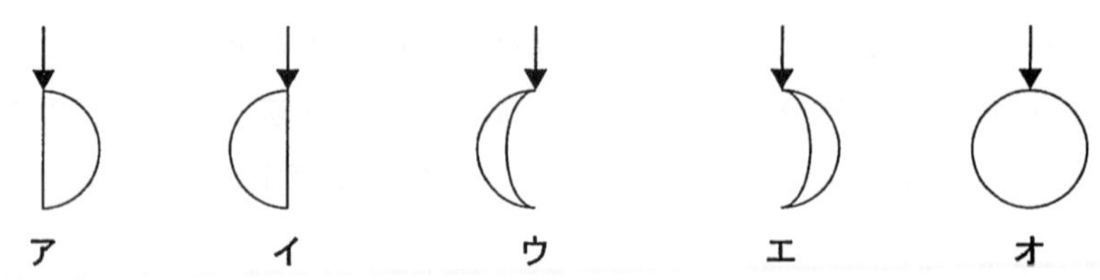

2　月について図3の観測日から，約1週間にわたり同じ時刻に観察し続けることができたとすると，月の光って見える部分の形と見かけの大きさ（直径）はどのように変化するか。正しいものを次の**ア**から**カ**の中から一つ選び，その記号を書け。

ア　形は次第に満ちて，大きさは大きくなっていった。
イ　形は次第に満ちて，大きさは小さくなっていった。
ウ　形は次第に欠けて，大きさは大きくなっていった。
エ　形は次第に欠けて，大きさは小さくなっていった。
オ　形は次第に満ちて，大きさは変わらなかった。
カ　形は次第に欠けて，大きさは変わらなかった。

3　金星について図3の観測日から，約1か月にわたり天体望遠鏡も用いて同じ時刻に観察し続けることができたとすると，金星の光って見える部分の形と見かけの大きさ（直径）はどのように変化するか。正しいものを次の**ア**から**カ**の中から一つ選び，その記号を書け。

ア　形は次第に満ちて，大きさは大きくなっていった。
イ　形は次第に満ちて，大きさは小さくなっていった。
ウ　形は次第に欠けて，大きさは大きくなっていった。
エ　形は次第に欠けて，大きさは小さくなっていった。
オ　形は次第に満ちて，大きさは変わらなかった。
カ　形は次第に欠けて，大きさは変わらなかった。

4 太郎君は，自然科学に関する博物館へ行って，さまざまな岩石標本や化石を見た。恐竜の一種ティラノサウルスの化石などを見た太郎君は，太古の時代に生きた生物に興味を持った。これに関連して，次の問1から問4に答えよ。

問1　恐竜のように特定の時代に栄え，地球上の広い範囲に生息していたが，その後絶滅した生物の化石は，その化石を含む地層ができた時代を推定する手がかりとなる。このような化石を何と言うか**漢字**で書け。

問2　次の**ア**から**オ**は太郎君が博物館で観察した化石である。これらのうち，その化石を含む地層ができたのが中生代であると推定する手がかりとなるものを二つ選び，その記号を書け。

ア　アンモナイト　　**イ**　ビカリア　　**ウ**　サンヨウチュウ
エ　ティラノサウルス　　**オ**　ナウマンゾウ

問3　次の**ア**から**オ**の岩石のうち，その内部に化石を含んでいる可能性がないものとして最も適当なものを一つ選び，その記号を書け。

ア　砂岩　　**イ**　石灰岩　　**ウ**　凝灰岩(ぎょうかい)　　**エ**　花こう岩　　**オ**　チャート

問4　次の**ア**から**オ**の各文のうち，地層や化石から推測できることとして正しいものを二つ選び，その記号を書け。

ア　サンゴの化石を含む地層からは，その地層ができた当時，暖かくて浅い海であったことが推測できる。

イ　フズリナ(ボウスイチュウ)の化石を含む地層からは，その地層ができたのは恐竜の栄えていた時代よりも後であることが推測できる。

ウ　厚い凝灰岩の地層からは，その地層ができた当時，大規模な火山噴火があったことが推測できる。

エ　泥岩の地層からは，その地層ができた当時，そこが流れの速い川底であったことが推測できる。

オ　れき岩の地層からは，その地層ができた当時，そこが深い海底であったことが推測できる。

5 塩酸に石灰石を加えると気体の二酸化炭素が発生するが，塩酸に炭酸水素ナトリウムを加えても，二酸化炭素が発生する。そこで，まず，濃さも体積も同じ塩酸が入ったビーカーA，B，C，D，E，Fを用意した。次に，炭酸水素ナトリウムを，ビーカーAには1.00g，Bには2.00g，Cには3.00g，Dには4.00g，Eには5.00g加えて，二酸化炭素を発生させ，二酸化炭素の発生が見られなくなるまで観察を続けた。発生した二酸化炭素は空気中に出ていくので，二酸化炭素が出ていく前と比べ，出ていった分だけ質量が軽くなる。その軽くなった分を発生した二酸化炭素の質量とした。加えた炭酸水素ナトリウムの質量と発生した二酸化炭素の質量を下の表にまとめて示した。なお，加えた炭酸水素ナトリウムは，水溶液中にすべて溶けた。次の問1から問4に答えよ。

ビーカー名	A	B	C	D	E
加えた炭酸水素ナトリウムの質量[g]	1.00	2.00	3.00	4.00	5.00
発生した二酸化炭素の質量[g]	0.52	a	1.56	1.82	1.82

問１　ビーカーBで発生した二酸化炭素の質量aは何gか。

問２　ビーカーFに，炭酸水素ナトリウムを加えるとき，発生する二酸化炭素の質量が最大となる炭酸水素ナトリウムの最小の質量は何gか。

問３　加えた炭酸水素ナトリウムの質量が5.00gのとき，二酸化炭素の発生の反応に使われず，水溶液中に溶けて残っている炭酸水素ナトリウムの質量は何gか。

問４　加えた炭酸水素ナトリウムの質量が5.00gのとき，二酸化炭素の発生の反応に使われず，水溶液中に溶けて残っている炭酸水素ナトリウムがあるが，これを反応させ，二酸化炭素を発生させるのに最も適したものを次のアからオの中から一つ選び，その記号を書け。

ア　水酸化ナトリウム溶液を加える。
イ　塩酸を加える。
ウ　炭酸水素ナトリウムを加える。
エ　水を加える。
オ　石灰石を加える。

6 次のような手順で実験を行い，水または水溶液の温度が時間の経過とともにどう変化するかを調べた。下の図は，経過時間と温度との関係をグラフに表したものである。次の問1から問4に答えよ。なお，水は状態によって氷，水，水蒸気というように呼び方が異なるが，ここでは水とはH_2Oという分子式で表される物質をさす。

実験

手順1　−10℃の氷200gをビーカーに入れてゆっくり加熱した。

手順2　水が60℃に達した段階で70gのミョウバンを加え，完全に溶かした。その後5分間は温度を一定に保った。

手順3　その後ビーカー全体を冷却した。

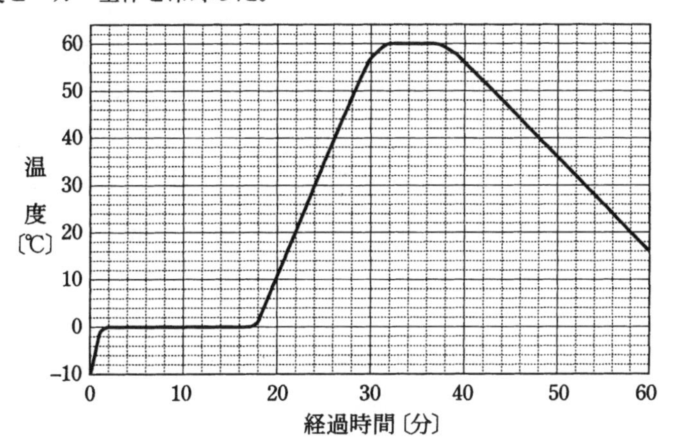

問1　初めに入れた水（固体）は，加熱を始めて5分後および20分後にどのような状態になっているか。最も適当なものを次の**ア**から**オ**の中からそれぞれ一つずつ選び，その記号を書け。

ア　固体だけの状態

イ　固体と液体が混じっている状態

ウ　液体だけの状態

エ　液体が沸騰した状態

オ　気体だけの状態

問2　次の文章は，水が固体から液体に変化するときの，体積と質量の変化に関して述べたものである。空欄①，②に当てはまる最も適当な語を下の**ア**から**ウ**の中からそれぞれ一つずつ選び，その記号を書け。

水は身近で非常にありふれた物質であるが，他の物質とは異なる特徴が多い。水は固体から液体に変化するとき，体積は（　①　）。また，質量は（　②　）。このことは，コップの中で氷が水に浮く原因である。

ア　増加する　　**イ**　減少する　　**ウ**　変化しない

問 3　下の図は，100 g の水に飽和するまで溶けるミョウバンの質量(ミョウバンの溶解度)が水の温度によってどのように変化するかをグラフに表したものである。水 100 g にミョウバン 24 g を溶解させるためには，水の温度を何℃以上にしなければならないか。次の**ア**から**キ**の中から最も適当なものを一つ選び，その記号を書け。

ア　24 ℃　　**イ**　35 ℃　　**ウ**　40 ℃　　**エ**　44 ℃

オ　50 ℃　　**カ**　52 ℃　　**キ**　57 ℃

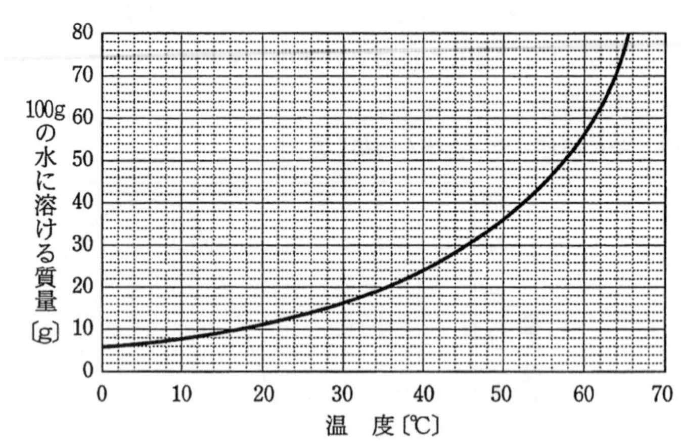

問 4　先の −10 ℃ の氷から始めた**実験**でできるミョウバン水溶液が飽和水溶液になったのはいつか。次の**ア**から**カ**の中から最も適当なものを一つ選び，その記号を書け。

ア　約 36 分経過した時に飽和水溶液になった。

イ　約 44 分経過した時に飽和水溶液になった。

ウ　約 48 分経過した時に飽和水溶液になった。

エ　約 53 分経過した時に飽和水溶液になった。

オ　約 58 分経過した時に飽和水溶液になった。

カ　60 分経過しても飽和水溶液にならなかった。

7 図1のような手回し発電機は，ハンドルを回す速さを変えることで電圧を変えることができる直流電源として使える。図のリード線に電熱線や豆電球などをつないで電流を流し，電流や電圧などについて調べた。しかし，手回し発電機の電圧は安定しないので，電流計と電圧計を同時に読んで測定した。次の問1から問5に答えよ。

問1　6V，9Wと表示してある電熱線に加えた電圧と，これに流れる電流の関係を調べたら図2のグラフの②になった。続いて，6V，18Wという表示のある電熱線について同様に調べたら，このグラフは図2の①，②，③のどれになるか。①，②，③の中から最も適当なものを一つ選び，その記号を書け。

問2　電熱線の代わりにシャープペンシルの芯(しん)に流れる電流と電圧の関係を調べたら，図2のグラフのⓐであった。測定中に芯が折れて電流が流れなくなったとき，急にハンドルを回す手ごたえが軽くなったことに気がついた。手回し発電機から電流を流すものが次の**ア**，**イ**，**ウ**，**エ**の場合，ハンドルを回す速さが同じ(すなわち電圧が同じ)として，手ごたえが軽い場合から重い場合の順に左から並べ，その記号を書け。

ア　6V，9Wの電熱線の場合　　**イ**　6V，18Wの電熱線の場合

ウ　シャープペンシルの芯の場合　**エ**　シャープペンシルの芯が折れて電流が流れない場合

手回し発電機に豆電球を接続し，これに流れる電流と加わる電圧を調べたら，図3のグラフのようになった。

問3　この豆電球に加わっている電圧を測定したら，電圧計の針が図4のようであった。このとき使用した端子は，図に接続を示した端子である。このとき，豆電球に流れている電流はいくらか。次の**ア**から**キ**の中から最も近い値を一つ選び，その記号を書け。

ア　0.15A　　**イ**　0.25A　　**ウ**　0.30A　　**エ**　0.40A

オ　0.55A　　**カ**　0.75A　　**キ**　2.0A

問4　図3のグラフと同じ豆電球を二つ並列接続したときに，手回し発電機から流れ出す電流と電圧の関係を調べる実験を，予想を立てた上で行いたい。中学校理科で学習した抵抗二つの並列接続の場合と同じ考え方ができるとすると，電圧計の値が2.0Vのとき，電流計は何Aを示すと予想できるか。小数第2位を四捨五入し，答えよ。

問5　図2のグラフの②の電熱線と図3のグラフの豆電球を直列接続したときに，手回し発電機から流れ出す電流と電圧の関係を調べる実験を，予想を立てた上で行いたい。中学校理科で学習した抵抗二つの直列接続の場合と同じ考え方ができるとすると，手回し発電機から500mAの電流が流れているとき，手回し発電機は何Vの電圧を生じていると予想できるか。小数第2位を四捨五入し，答えよ。

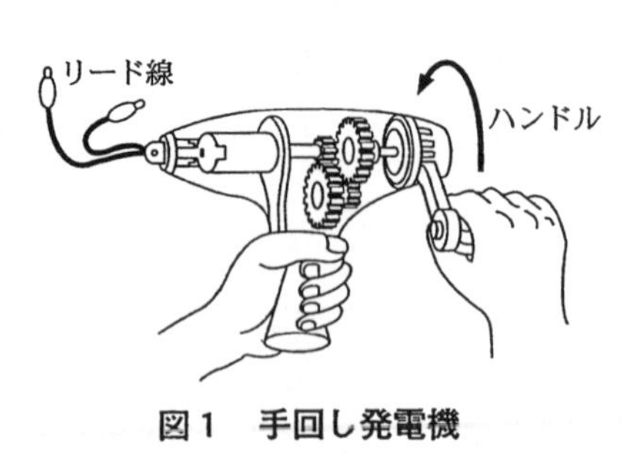

図１　手回し発電機

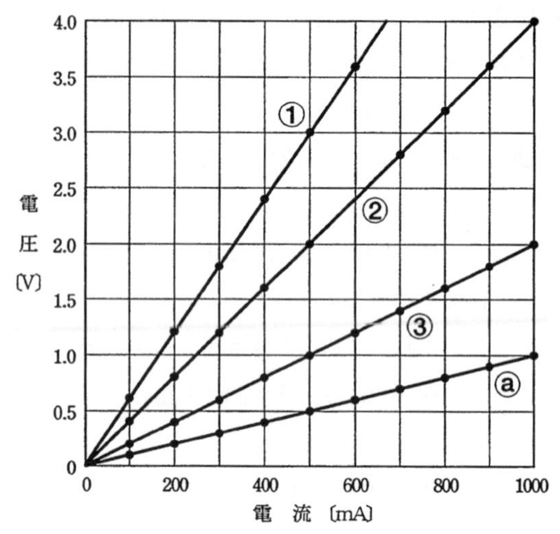

図２

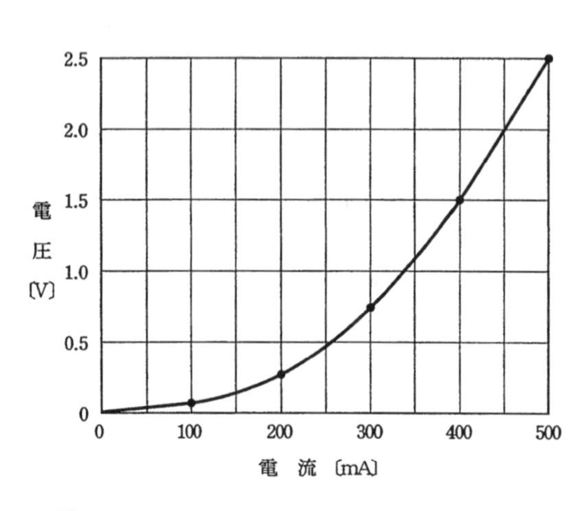

図３

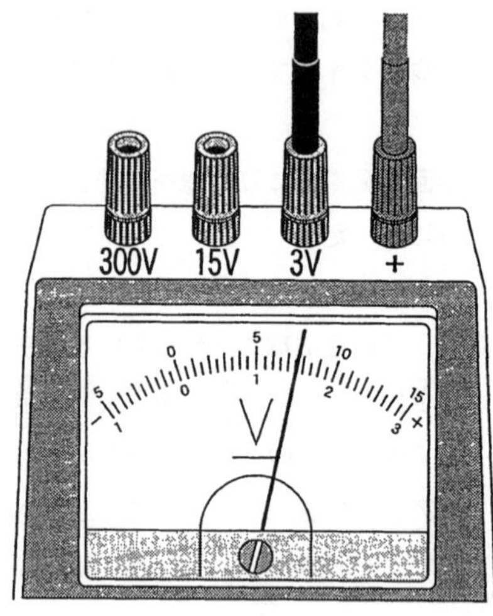

図４

8 田中君の学校では，なめらかで平らな板で坂を作り，**図1**のような装置で台車の実験を行った。走行位置の記録のため，台車には紙テープを張り付け，記録タイマーで1秒間に50個の点が打たれるようにしてあった。**図2**は，この装置で得られる紙テープを5打点ごとの区間に切り取って時間順に左から並べたものの例である。田中君はこの装置において，高さの違う台を交換しながら，合計3種類の傾きで走行中の位置を記録した。なお，坂の右端は水平な板となめらかにつなげてあり，そのつなぎ目と台車の右端との距離が50 cmの場所をスタート点として静かに手を離した。**図2**と同様に並べた3種類の紙テープの5打点ごとの区間の長さをグラフにしたものが**図3**である。次の問1から問4に答えよ。

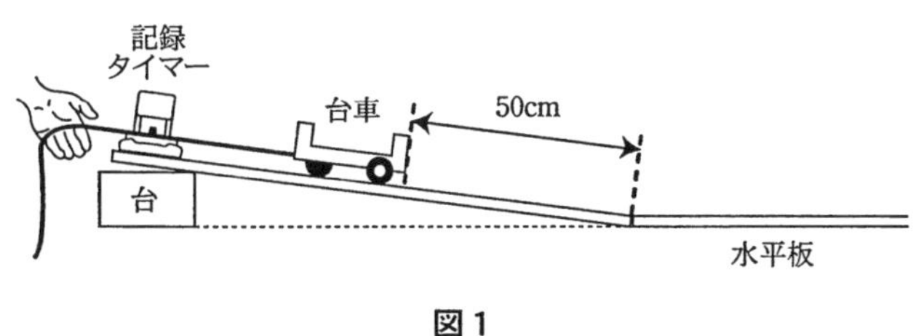

図1

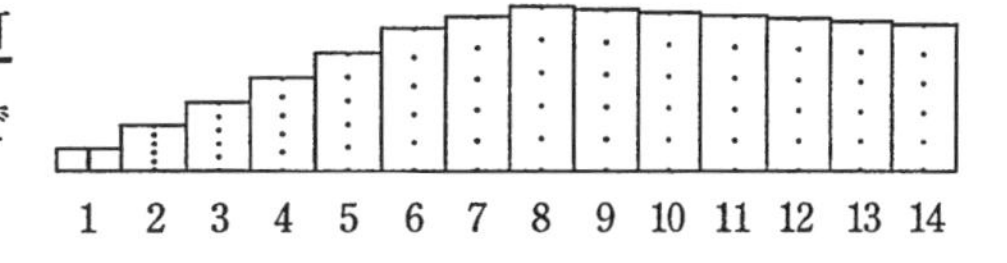

図2

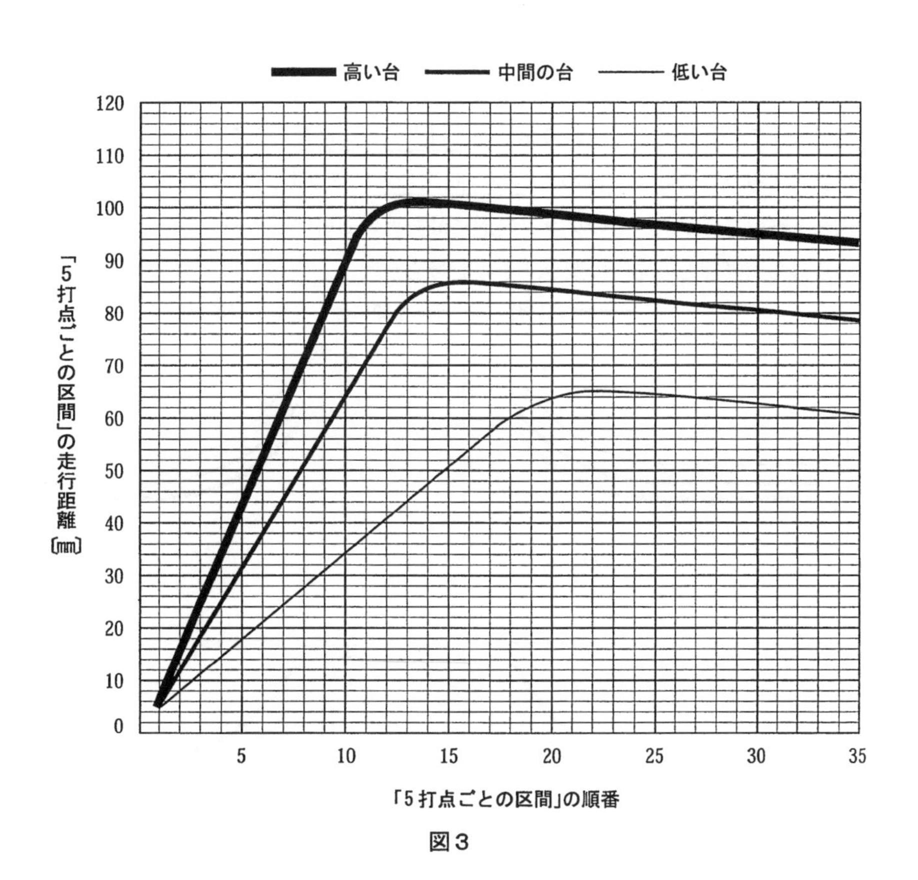

図3

問 1　低い台を用いた坂について，12 番目の5打点ごとの区間を考える。その区間における台車の平均の速さは何 m/秒か。小数第 2 位を四捨五入し，答えよ。

問 2　高い台の場合の坂を考える。台車が問 1 の平均の速さを初めて上回ったのは，何番目の5打点ごとの区間であったか。次のアからオの中から最も適当なものを一つ選び，記号で答えよ。

ア　1番目　　イ　3番目　　ウ　5番目　　エ　7番目　　オ　9番目

問 3　この実験の結果から考えられるものとして正しいものをアからエの中からすべて選び，記号で答えよ。

ア　速さの最高値は，台を高くするほど大きくなる。

イ　坂を走っている区間の全長は，台を高くするほど短くなる。

ウ　坂を走っている区間を考えると，滑り出してから，ある速さに達するまでの時間は，台を高くするほど短くなる。

エ　坂を走っている区間を考えると，隣り合った5打点ごとの区間での平均の速さの差は，台の高さを変えても変わらない。

問 4　この実験をやりながら田中君は，走行距離あたりの所要時間がどうなっていくのかが大変気になっていた。そこで，おのおのの5打点ごとの区間の紙テープを元の順番で一直線に並べ直してみた。そして，改めて10 cm 間隔ごとに区切り，その中に含まれる打点の個数を数えてグラフにした。そのグラフの形に最も近いものは図 4 のうちのどれか。アからエの中から最も適当なものを一つ選び，その記号を書け。

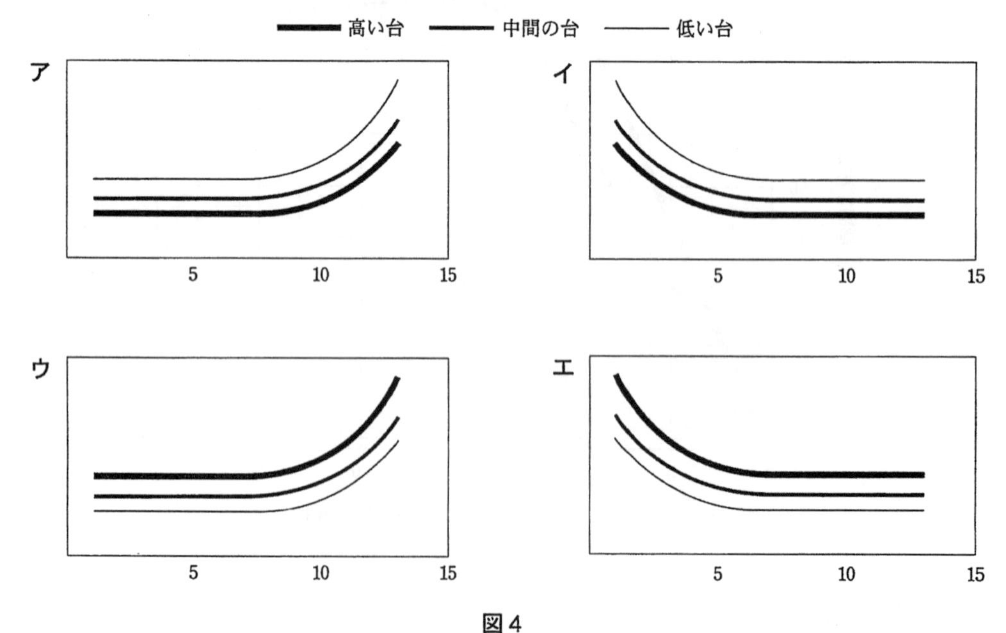

図 4

注：横軸は各 10 cm 区間の順番，縦軸は各 10 cm 区間における打点数を表す。

1 テントウムシとハムスターの運動を調べた。次の問1から問3に答えよ。

問1　テントウムシが方眼紙の上を歩いているとき，1秒ごとのテントウムシの後端の位置にペンで印を付けていったものが**図1**である。図中の「・」の位置が，1秒ごとの位置を示し，テントウムシはこれらの「・」を連ねる線上を歩いた。図中で**0**と記してある点を時刻0秒の位置とし，5秒後，10秒後，15秒後，20秒後の点の近くにその時間を記入した。方眼紙の最小間隔は1mmである。なお，テントウムシは矢印の向きに進み，後退はしていない。次の1，2に答えよ。

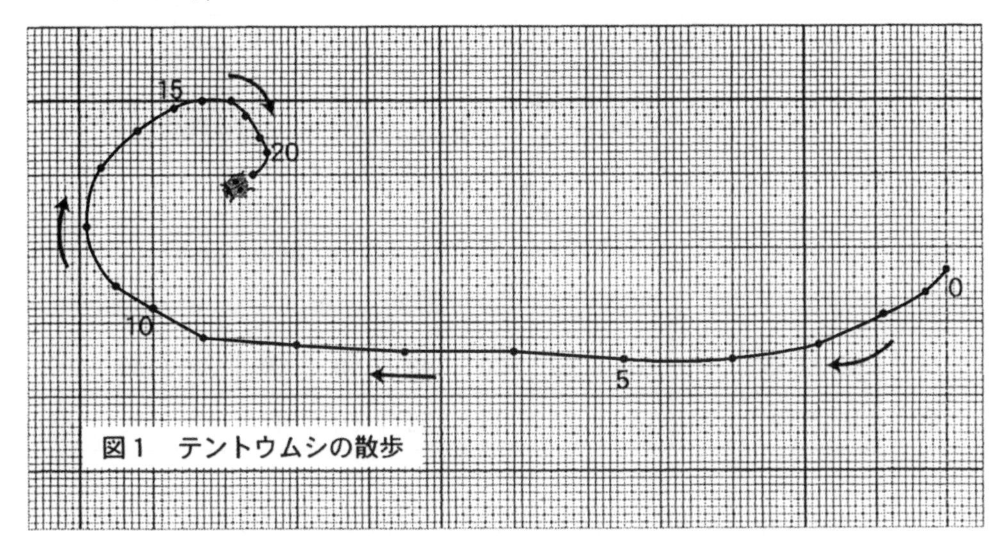

図1　テントウムシの散歩

1　4秒から9秒までのこのテントウムシの平均の速さとして，最も適当なものはどれか。次の**ア**から**ク**の中から一つ選び，その記号を書け。

ア　0.50 cm/秒　**イ**　1.0 cm/秒　**ウ**　1.5 cm/秒　**エ**　2.0 cm/秒
オ　2.5 cm/秒　**カ**　5.0 cm/秒　**キ**　10 cm/秒　**ク**　15 cm/秒

2　速さを増し続けているのはいつか。最も適当なものを次の**ア**から**オ**の中から一つ選び，その記号を書け。

ア　0秒～4秒　**イ**　5秒～8秒　**ウ**　7秒～11秒
エ　10秒～16秒　**オ**　14秒～21秒

問 2　ハムスターが走る速さを測るために，**図 2** のようにハムスターに回転車の中を走らせた。回転車が 10 回転するたびに，測定開始からの時間を自動的に記録させた。表はこの測定結果である。測定開始を 0 秒とする。例えば，10 回転目までの時間は測定開始から 22 秒経過しており，50 回転目までの時間は測定開始から 60 秒経過していることを示す。ハムスターは，一定方向に円周に沿って回転車の内側を走り，回転車が一回転するごとにハムスターは回転車の内側の円周の距離(25 cm)を走ったものとする。次の 1，2 に答えよ。

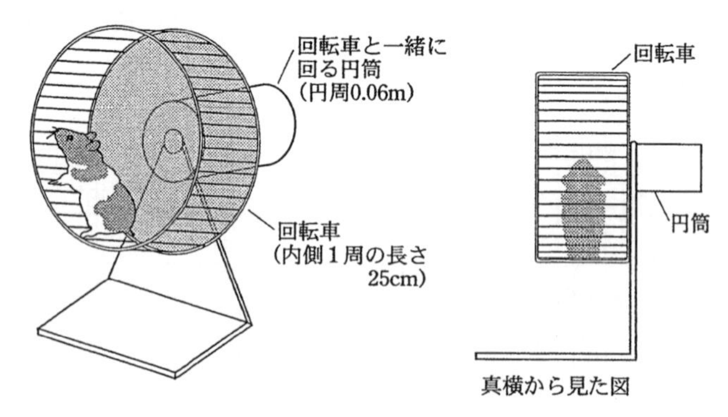

図 2

回 転 数	0	10	20	30	40	50	60	70	80	90	100
時間[秒]	0	22	34	44	52	60	67	73	78	88	150

1　100 回転する間に，このハムスターは何 m 走ったか。

2　10 回転ごとの平均の速さが一番速かったとき，その速さは何 cm/秒か。

問 3　**図 2** の回転車の回転軸には，円周 0.06 m の円筒が回転車と一緒に回転するように取り付けてある。この円筒から，重さ 0.10 N のおもりを糸でつるした。ハムスターが走って回転車を回すと糸が円筒に巻きつき，糸がおもりを引き上げる。ある 20 秒間に，ハムスターは円筒を 10 回転させ，おもりは一定の速さで引き上げられた。このとき，おもりに対して行ったハムスターの仕事率はいくらか。最も適当なものを次の**ア**から**ケ**の中から一つ選び，その記号を書け。

ア　0.003 N　**イ**　0.003 J　**ウ**　0.003 W　**エ**　0.06 N　**オ**　0.06 J
カ　0.06 W　**キ**　1.2 N　**ク**　1.2 J　**ケ**　1.2 W

2 次の問1から問4に答えよ。

問 1 **図1**のように，棒磁石を点線にそって等速直線運動をさせる。

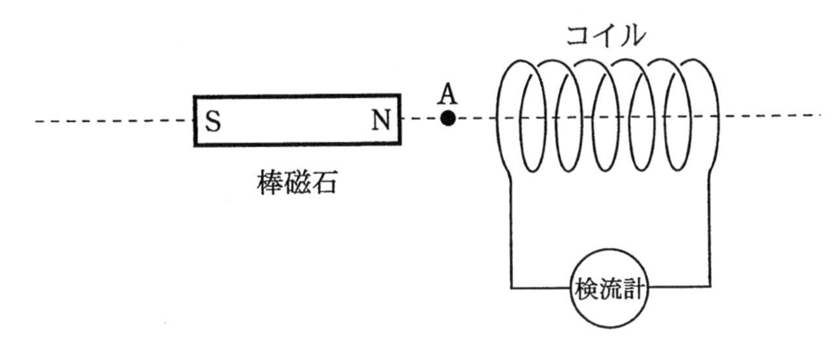

図1

次の①から③の方法で左から棒磁石をコイルに近づけた。

① 棒磁石を1秒間に70 cm進めた。

② 棒磁石を2秒間に180 cm進めた。

③ 棒磁石を4秒間に200 cm進めた。

棒磁石の先端がA点に来た時の検流計の針のふれ方について正しいものを，次の**ア**から**オ**の中から一つ選び，その記号を書け。

ア ①で検流計の針が最も大きくふれた。

イ ②で検流計の針が最も大きくふれた。

ウ ③で検流計の針が最も大きくふれた。

エ 棒磁石は等速直線運動をしているので，①から③のすべてで検流計の針のふれの大きさは同じであった。

オ ①から③のすべてでコイルに電流は全く流れないので，検流計の針はふれなかった。

問 2　**図 1** において，電流の向きを問 1 と逆向きにするためにはどのようにすればよいか。次の**ア**から**オ**の中から正しいものをすべて選び，その記号を書け。

ア　N 極と S 極が**図 1** と逆の状態で，左から棒磁石をコイルに近づける。

イ　N 極と S 極が**図 1** と同じ状態で，点 A から棒磁石を左に動かす。

ウ　N 極と S 極が**図 1** と逆の状態で，点 A から棒磁石を左に動かす。

エ　N 極と S 極が**図 1** と同じ状態で，棒磁石は点 A に止めたまま，コイルを左に動かして棒磁石に近づける。

オ　N 極と S 極が**図 1** と同じ状態で，棒磁石は点 A に止めたまま，コイルを右に動かして棒磁石から遠ざける。

問 3　**図 2** のように抵抗，コイル，電源およびスイッチをつないだ。抵抗は 10 Ω，電源の電圧は 50 V である。スイッチを入れるとコイルのまわりに磁界ができた。スイッチを入れて十分に時間がたった時に，コイルのまわりにできる磁界を**図 2** よりも強くするにはどのようにすればよいか。次の**ア**から**オ**の中から，正しいものをすべて選び，その記号を書け。

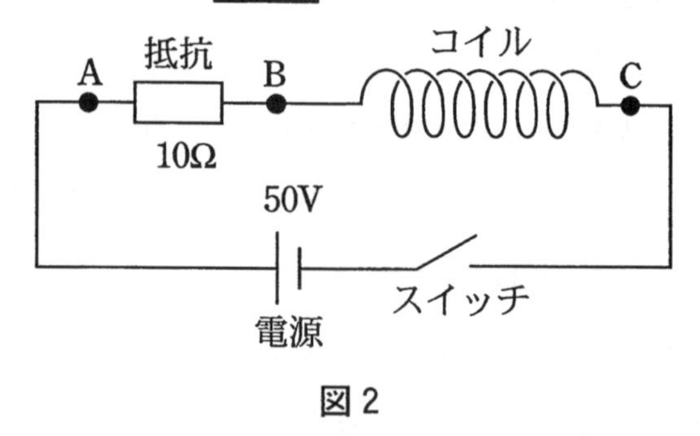

図 2

ア　**図 2** で抵抗を 20 Ω にする。

イ　**図 2** で電源の電圧を 100 V にする。

ウ　**図 2** で抵抗を 20 Ω にして，さらに電源の電圧を 100 V にする。

エ　**図 2** で AB 間に 10 Ω の抵抗をもう一つ加えて，二つの抵抗を直列につなぐ。

オ　**図 2** で AB 間に 10 Ω の抵抗をもう一つ加えて，二つの抵抗を並列につなぐ。

問 4　**図 2** で BC 間につながれたコイルをはずし，別の抵抗をつないだ。その後スイッチを入れると AB 間の電圧は 20 V であった。BC 間の抵抗は何 Ω か。

3 塩酸を用いて，次のような**実験1**，**実験2**を行った。下の問1から問4に答えよ。

実験1　三つのうすい塩酸(塩酸a，塩酸b，塩酸cとする)をそれぞれ別々のビーカーにはかりとった。これらの塩酸は電流を通した。また，これらの塩酸にBTB溶液を2，3滴加えると黄色になった。次に，それぞれの塩酸にこまごめピペットを用いて水溶液が緑色になるまで，うすい水酸化ナトリウム水溶液を少しずつ加えた。下の表は，はかりとった塩酸の体積と水溶液が緑色になるまで加えた水酸化ナトリウム水溶液の体積を示したものである。ただし，この実験では，うすい水酸化ナトリウム水溶液はすべて同じものを用いた。

	はかりとった塩酸の体積[cm^3]	水溶液が緑色になるまで加えた水酸化ナトリウム水溶液の体積[cm^3]
塩酸a	10	10
塩酸b	20	10
塩酸c	10	20

問1　上記の下線部分の変化を示す原因となる塩酸中に含まれるイオンは何か。そのイオンの名称とイオン式を書け。

本問は、酸の特性が水素イオンによることを問う問題として出題しましたが、「酸・アルカリとイオン」は新学習指導要領への移行措置により、平成23年度から中学校第3学年で学習すべき内容と判断されることから、公平を期すため受験者全員に得点（3点）を与えることとしました。

問2　10 cm^3の塩酸aに水酸化ナトリウム水溶液を5 cm^3加えたときと，10 cm^3加えたときの溶液の性質として当てはまるものを，それぞれ次の**ア**から**エ**の中からすべて選び，その記号を書け。

ア　フェノールフタレイン溶液を加えると無色を示す。

イ　フェノールフタレイン溶液を加えると赤色を示す。

ウ　電流を通す。

エ　電流を通さない。

問 3　塩酸 a，塩酸 b，塩酸 c の濃さの関係を示したものはどれか。次の**ア**から**オ**の中から正しいものを一つ選び，その記号を書け。ただし，塩酸 a ＝ 塩酸 b は，塩酸 a と塩酸 b の濃さが等しいことを表し，塩酸 a ＞ 塩酸 b は，塩酸 a の方が塩酸 b より濃いことを表しているものとする。また，同じ濃さで体積が 2 倍になるとその溶液に含まれる溶質の質量は 2 倍になり，同じ体積で濃さが 2 倍になるとその溶液に含まれる溶質の質量は 2 倍になる。

ア　塩酸 a ＝ 塩酸 b ＝ 塩酸 c

イ　塩酸 c ＞ 塩酸 a ＝ 塩酸 b

ウ　塩酸 b ＞ 塩酸 a ＝ 塩酸 c

エ　塩酸 c ＞ 塩酸 a ＞ 塩酸 b

オ　塩酸 b ＞ 塩酸 a ＞ 塩酸 c

実験 2　うすい塩酸が入った三角フラスコに炭酸水素ナトリウムを加え，発生した気体を水上置換により集めた。

問 4　この実験で発生した気体と同じものを発生させる方法はどれか。次の**ア**から**オ**の中からすべて選び，その記号を書け。

ア　二酸化マンガンにうすい過酸化水素水を加える。

イ　アンモニア水を加熱する。

ウ　酸化銅と炭素粉末を混ぜ合わせて加熱する。

エ　塩酸にマグネシウムを加える。

オ　炭酸水素ナトリウムを加熱する。

4 水素と酸素の混合気体に点火すると爆発的に反応して水ができた。これを化学反応式で表すと次のようになる。これに関して，下の問1から問3に答えよ。

$$2H_2 + O_2 \rightarrow 2H_2O$$

問1　上の反応式中の $2H_2O$ において，大きく書かれた2と小さく書かれた2があるが，小さく書かれた2が表しているものは何か。最も適当なものを次の**ア**から**オ**の中から一つ選び，その記号を書け。

ア　水分子の数　　**イ**　水素分子の数

ウ　水分子中の水素原子の数　　**エ**　酸素分子の数

オ　水分子中の酸素原子の数

問2　水素4gに対して酸素32gがちょうど反応して，水素も酸素も完全になくなり，すべて水に変わることが分かった。そこで，水素6gと酸素40gを反応させると，反応後，水のほか，水素，酸素いずれか一方の気体が残った。この残った気体は何か，その名称を書け。また，残った気体の質量を求めよ。

問3　上の反応式について言えることとして，正しいものを次の**ア**から**カ**の中からすべて選び，その記号を書け。

ア　生成した水分子の数は，それを生成するために必要な水素分子の数と酸素分子の数を合わせたものと等しい。

イ　生成した水分子の数は，それを生成するために必要な水素分子の数と酸素分子の数を合わせたものと等しくない。

ウ　生成した水分子に含まれる原子の総数は，それを生成するために必要な水素分子と酸素分子に含まれる原子の総数と等しい。

エ　生成した水分子に含まれる原子の総数は，それを生成するために必要な水素分子と酸素分子に含まれる原子の総数と等しくない。

オ　生成した水分子に含まれる原子の質量の総和は，それを生成するために必要な水素分子と酸素分子に含まれる原子の質量の総和と等しい。

カ　生成した水分子に含まれる原子の質量の総和は，それを生成するために必要な水素分子と酸素分子に含まれる原子の質量の総和と等しくない。

5 右の図はヒトの体が必要な物質を取り入れ，運搬しているしくみのうちの代表的なものを模式的に表したものである。図中のAからEは，肝臓，心臓，じん臓，小腸，肺のいずれかを表しているが，Aは体内に酸素を取り込む器官である。また，━━━はAからEの間の主な血液循環の経路を表しているが，一つの経路が抜けている。これについて，次の問1から問3に答えよ。

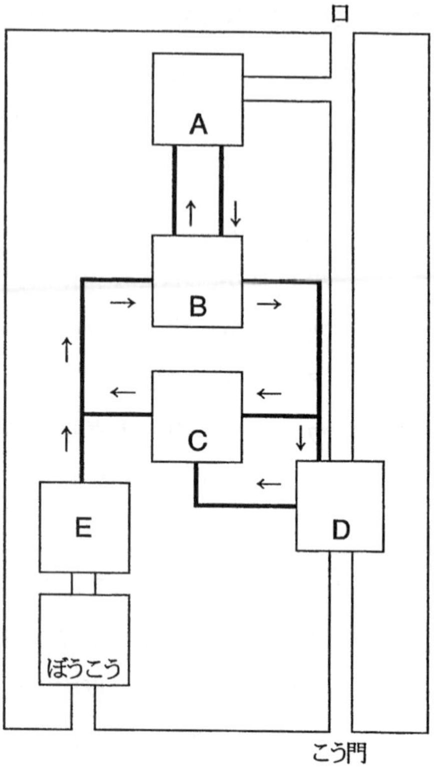

問 1　図中のB，C，Dの器官名を書け。

問 2　図中のAからEの間の血液の流れを考えるときに抜けている経路を，AからEのうちの二つの器官の記号と矢印を使って，例のように書け。ただし，矢印の向きは血液の流れる向きとする。

例：A→B

問 3　次の①，②にそれぞれ当てはまる器官はどれか。図中のAからEの中から最も適当なものを一つずつ選び，その記号を書け。

①　食後に体内で最も栄養分が多い血液が出ていく器官。

②　体内で最も尿素の少ない血液が出ていく器官。

6 生物の殖(ふ)え方について，次の文章を読み，下の問１から問４に答えよ。

ジャガイモとイチゴは，それぞれ二つの殖(ふ)え方をする植物である。

ジャガイモはナス科の植物で，①いもで仲間を殖やすほか，ナスの花に似た花びらがつながっている花を咲かせ，トマトのような果実をつけることがある。下の図はジャガイモの殖え方を表したものである。

また，イチゴはバラ科の植物で，ミツバチなどの昆虫に受粉してもらって果実をつくる方法のほかに，②茎を伸ばして新しい個体をつくる方法も持っている。

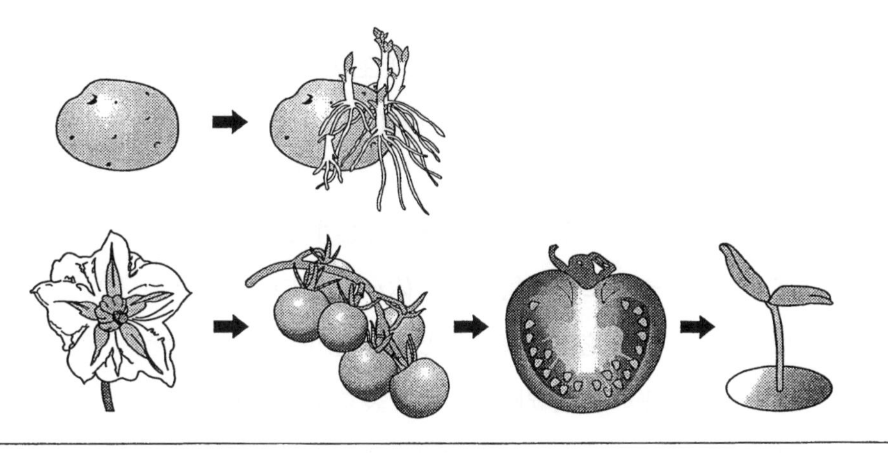

問１　ふだん私たちが口にするジャガイモの「いも」は，植物の体のどの部分であるか。次の**ア**から**カ**の中から正しいものを一つ選び，その記号を書け。

ア　葉　　**イ**　花　　**ウ**　茎
エ　根　　**オ**　種　子　　**カ**　果　実

問２　ジャガイモはどんな植物の仲間に分類されるか。次の**ア**から**キ**の中から当てはまるものをすべて選び，その記号を書け。

ア　種子植物　　**イ**　被子植物　　**ウ**　裸子植物　　**エ**　単子葉類
オ　双子葉類　　**カ**　合弁花類　　**キ**　離弁花類

問 3　農家で良質なジャガイモを大量に生産する時,「いも」で殖やす方法を用いるが，これはなぜか。次の**ア**から**オ**の中から正しいものをすべて選び，その記号を書け。

ア　いもの持っている形質が，子に同じように伝わるから。

イ　果実の中には種子がないので，新しい個体ができないから。

ウ　種子で育てると，親の形質とは異なった子ができてしまうから。

エ　種子の細胞 1 個当たりの染色体の数は，いもの半分しかないから。

オ　いもで殖やすと，もっと優れた形質を持った子ができる可能性があるから。

問 4　下線①，②のような方法を栄養生殖という。次の**ア**から**オ**の中から栄養生殖と同じ染色体の動き(数の変化)をするものをすべて選び，その記号を書け。

ア　アメーバやゾウリムシの体が分裂するとき。

イ　メダカやウニの受精卵から体ができていくとき。

ウ　エンドウの花粉の精細胞と卵細胞が受精するとき。

エ　タマネギの根端細胞が細胞分裂をするとき。

オ　ユリやムラサキツユクサの生殖細胞ができるとき。

7 次の表は，太陽系の天体の特徴を表す数値を示したものである。これらの天体について下の問１，問２に答えよ。

	太陽からの距離 [地球太陽間＝１]	公転周期 [年]	大きさ（直径） [地球＝１]	自転周期 [日]	質　量 [地球＝１]
水　星	0.39	0.24	0.38	58.7	0.06
金　星	0.72	0.62	0.95	243	0.82
地　球	1.00	1.00	1.00	1.00	1.00
火　星	1.52	1.88	0.53	1.03	0.11
木　星	5.20	11.9	11.2	0.41	317
土　星	9.55	29.5	9.45	0.44	95.2
天王星	19.2	84.0	4.01	0.72	14.5
海王星	30.1	165	3.88	0.67	17.2
太　陽			109	25.4	332946
月	0.0025*	0.075*	0.27	27.3	0.012

＊ 月については，地球からの距離，地球の周りを公転する周期を（同じ単位で）示してある。

問１ 月よりも約400倍大きな太陽が，地球からの距離では月よりも約400倍遠いところにあるということが，表から読み取れる。このことによって起こる現象として最も適当なものを，次のアからエの中から一つ選び，その記号を書け。

ア 太陽，月，地球がこの順番でほぼ一直線に並ぶと，月の光っている部分を地球からはちょうど全部見ることのできない新月になる。

イ 太陽，地球，月がこの順番でほぼ一直線に並ぶと，月の光っている部分を地球からはちょうど全部見ることのできる満月になる。

ウ 太陽，地球，月がこの順番でほぼ一直線に並ぶと，地球の影が月のすべてをちょうど全部隠す月食が起こることがある。

エ 太陽，月，地球がこの順番でほぼ一直線に並ぶと，地球上のある場所から見たら太陽のすべてを月がちょうど全部隠す日食が起こることがある。

問 2　表から計算して判断できることとして正しいものを，次の**ア**から**エ**の中から一つ選び，その記号を書け。

ア　各惑星は同じ速さで公転しているが，内側ほど公転半径が短いので公転周期は短くなる。

イ　各惑星の公転の速さは内側ほど速く，しかも内側ほど公転半径が短いので公転周期は短くなる。

ウ　各惑星の公転の速さは内側ほど遅いが，内側ほど公転半径が短いので公転周期は短くなる。

エ　惑星の公転の速さは太陽からの距離ではなく，質量で決まっており，質量の大きい惑星ほど速い速さで公転している。

8 次の図は，ある場所（A 地点，標高 0 m）で 8 月のある日に気象観測をした結果である。これについて，下の問 1 から問 4 に答えよ。

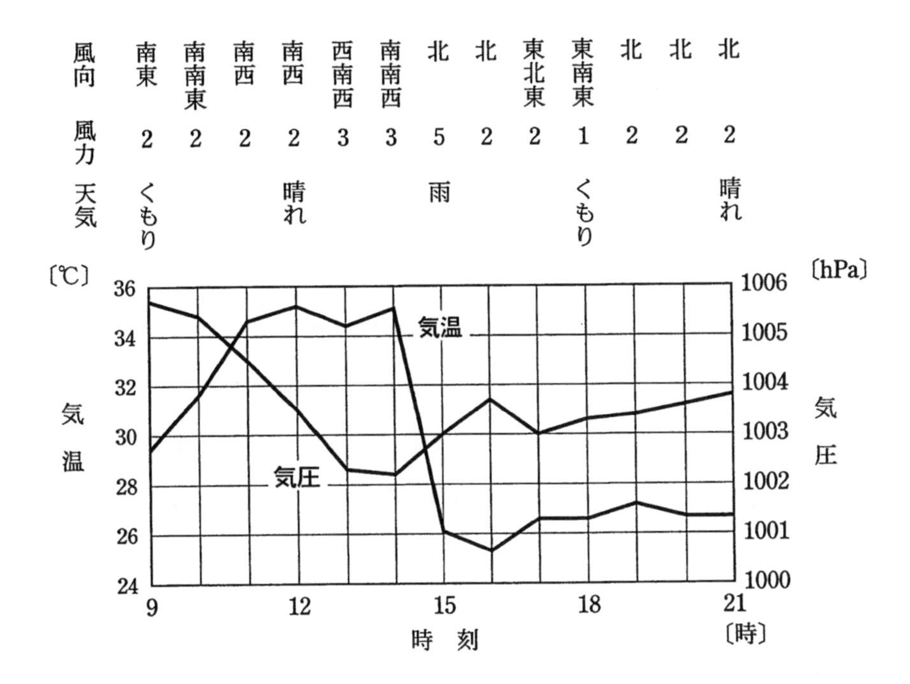

問 1　12 時の天気を天気記号で表すとどうなるか。正しいものを次の中から一つ選び，**ア**から**キ**の記号で答えよ。

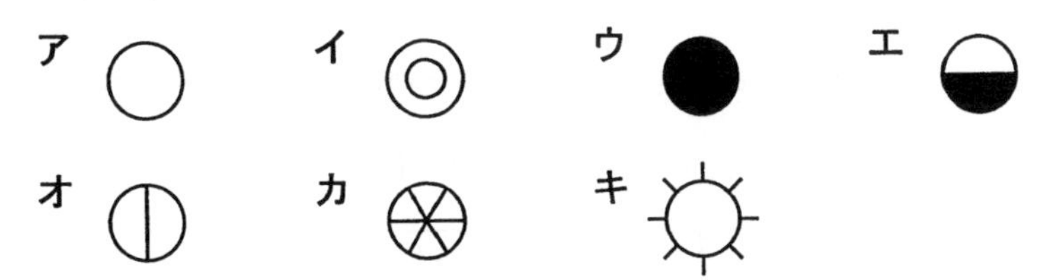

問 2　15 時の風向・風力を表した記号として正しいものを次の中から一つ選び，**ア**から**カ**の記号で答えよ。ただし，上を北とする。

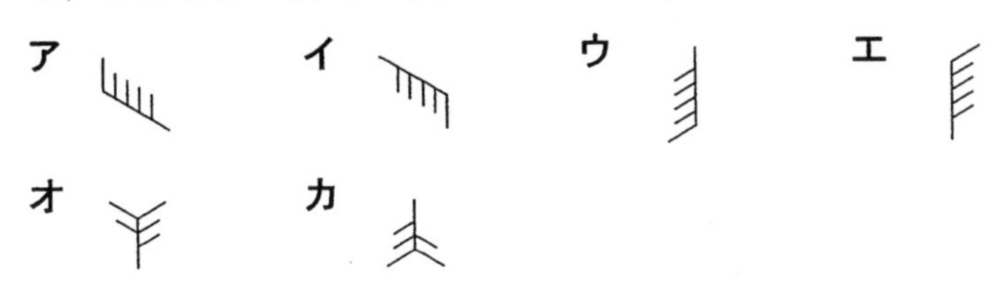

問 3　観測結果より，14 時から 15 時にかけてどのようなことがあったと推測できるか。次の**ア**から**エ**の中から最も適当なものを一つ選び，その記号を書け。

ア　暖気が寒気を押すように進み，温暖前線が通過した。

イ　暖気が寒気を押すように進み，寒冷前線が通過した。

ウ　寒気が暖気を押すように進み，温暖前線が通過した。

エ　寒気が暖気を押すように進み，寒冷前線が通過した。

問 4　同じ日の 9 時に，それぞれ数百 km 離れたところにある別の 3 地点でも気象観測を行った。それによると，気圧は次のとおりであった。なお，気圧は標高によって変化するが，いずれも標高 0 m での値に換算した数値を記してある。また，各地点の位置関係は次の図に示した。

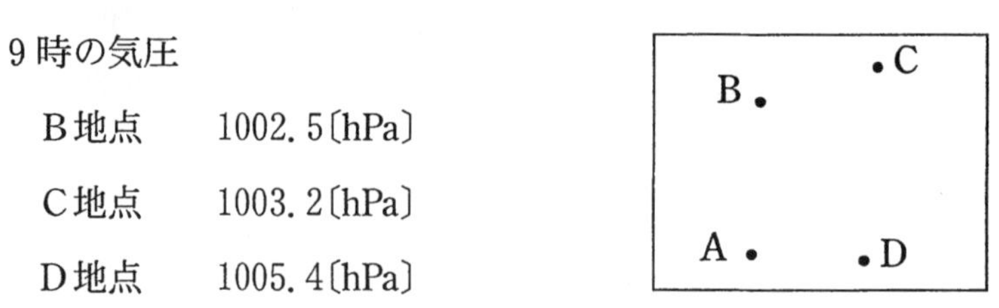

この時の天気図における 1004〔hPa〕の等圧線として正しいものはどれか。次の**ア**から**エ**の中から最も適当なものを一つ選び，その記号を書け。ただし，1004〔hPa〕の等圧線はすべて描かれ，省略はないものとする。

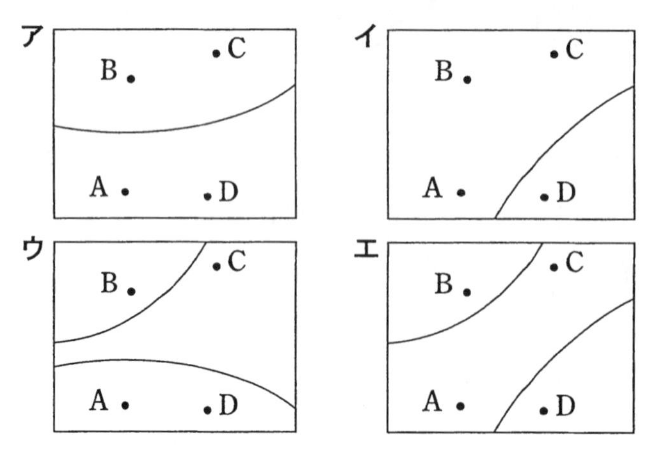

解答例と解説

2019(平成31)年度　解答例と解説

《解答例》

1 問1．1．ウ　2．エ　問2．ウ　問3．1．イ　2．イ

2 問1．1．オ　2．キ　3．ア　4．ク
問2．1．○　2．×　3．×　4．×　5．×　6．○
問3．エ

3 問1．キ　問2．A．ウ　B．ア
問3．1．ア，オ，カ　2．エンドウ…ウ　トウモロコシ…オ

4 問1．(1)ア　(2)イ　(3)ウ　問2．エ
問3．(1)ア　(2)ウ　(3)イ　(4)エ　問4．ウ

5 問1．エ　問2．ア．0　イ．5　問3．①イ　②ア
問4．①イ　②ウ　問5．大小関係…ウ　理由…ア

6 問1．エ　問2．イ　問3．イ　問4．ウ，オ

7 問1．ア．×　イ．×　ウ．○　問2．エ　問3．ウ
問4．ウ　問5．オ

8 問1．ア．0　イ．4　問2．イ　問3．ア．5　イ．0
問4．ア．6　イ．0

《解　説》

1 **問1**　太陽からの光は地球と月に対して同じようにあたっていると考えればよい。図1の地球と月を，地球の北極側から見ると図Iのようになる。したがって，太陽は撮影者の頭の真上近くにあり，このとき地球の北極から見える月は左半分が光って見える下弦の月である。

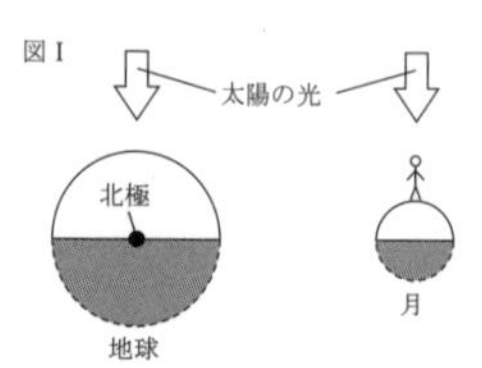

問2　ウ．皆既月食は，太陽，地球，月(満月)の順に一直線上に並んだとき，月全体が地球の影に入ることで起こる現象である。地球の直径が大きくなれば，地球の影の直径も大きくなり，月が地球の影に入っている時間が長くなる。

問3　**1**　月食は，満月の一部または全体が地球の影に入ることで起こる現象だから，月と太陽の見かけの大きさの関係はわからない。皆既日食は新月が太陽を完全に隠す現象，金環日食は太陽より月の見かけの大きさがわずかに小さいため，太陽が輪のように見える現象である。皆既日食や金環日食が起こることで，月と太陽の見かけの大きさがほぼ同じであることが確認できる。　**2**　地球から見て太陽と月が反対方向にあるときの月が満月だから，太陽が西の地平線に沈むころ，満月は東の地平線付近にある。太陽が西の地平線に沈むころに南の空にある月は，太陽がある西側(右側)が光って見える上弦の月である。したがって，イが正答となる。

2 **問2**　2．粒が大きく重いれきは，川から海に流されてくると，河口や海岸から近いところで堆積する。3．黒っぽい有色鉱物が多く含まれていたことから，マグマの粘りけが弱かったことが予想できる。このような火山はおだやかな噴火をし，平たい形をしている。4．当時の環境を推測する手がかりとなる化石を示相化石という。示準化石は地層が堆積した年代を推測する手がかりとなる化石である。5．偏西風は西から東に向かって吹く。

問3　エ．陸と海では陸の方があたたまりやすいので，先に温度が上がる陸上で上昇気流が生じて気圧が低くなり，そこに海からの風が吹きこんでくる。このような風を海風という。

3 **問1**　エンドウのさやは1つの花に1つあるめしべの子房が成長したもので，果実である。1つの子房の中には複数の胚珠(成長して種子になる)があるので，1つのさやの中には複数の種子が入っている。

問2　エンドウは1つの花にめしべとおしべの両方があるが，トウモロコシはめしべとおしべを別々の花につける。

問3　**1**　エンドウは(b)，トウモロコシは(c)に分類される。果実ができれば被子植物で，できなければ裸子植物(a)である。果実ができたもののうち，葉脈が網目状(網状脈)で茎の維管束が輪状になっていれば双子葉類(b)である。

2　アが(a)，ウが(b)，オが(c)である。イ(シダ植物)，エ(コケ植物)，カ(菌類)は種子植物ではない。

4 **問1**　光合成によって無機物から有機物をつくり出すポプラが生産者，生産者がつくり出した有機物を直接とりこむシカは消費者イ，生産者がつくり出した有機物を消費者イから間接的にとりこむオオカミは消費者アである。

問2　オオカミが絶滅すると，オオカミの餌であるシカの数が増加し(a)，シカの餌であるポプラやヤナギの数が減少し(d)，ヤナギを餌とするビーバーの数が減少する(f)。したがって，エが正答となる。

問3　(1)再導入前のオオカミの数は0だからアである。(2)オオカミの再導入によってオオカミの餌であるシカの数は減るからウである。(3)シカの数が減るとシカの餌であるヤナギの数は増えるからイである。(4)ビーバーの餌であるヤナギの数が増えていくと，それに遅れてビーバーの数が増えていくからエである。

問4　ウ．問3解説の通り，オオカミの再導入後にシカの餌(ポプラやヤナギなど)は増えるはずである。

5 **問1**　この反応を化学反応式で表すと，
$HCl + NaHCO_3 \rightarrow NaCl + CO_2 + H_2O$ となる。

問2　表1の反応前後の全体の質量の差が空気中に出ていった気体の質量である。22.3－21.8＝0.5(g)となる。

問3　容器が密閉されていれば，物質の出入りがないので，装置全体の質量は反応前後で変化しない(a＝b)。この後，ふたを開放すると，反応で発生して容器内に閉じこめられていた気体が空気中に出ていくので，装置全体の質量が小さくなる(b＞c)。

問4　図2と同様に，容器が密閉されていれば，物質の出入りがないので，装置全体の質量は反応前後で変化しない(d＝e)。この実験では，丸底フラスコ内の酸素がスチールウールと化合するので，ピンチコックを閉じているときには丸底フラスコ内の気圧が低くなっている。このため，ピンチコック解放後は丸底フラスコ内に空気が流れこんできて，装置全体の質量が大きくなる。(e＜f)。

問5　スチールウールは主に鉄でできていて，燃焼によって酸素と化合するので，反応後の方が質量が大きくなる。

6 **問2**　亜鉛と銅では亜鉛の方が陽イオンになりやすいので，亜鉛原子が電子を2個失って亜鉛イオン(Zn^{2+})となって塩酸中に溶け出す。放出された電子は導線を通って移動し，銅板上で塩酸中の水素イオン(H^+)が受けとると水素原子(H)が1個できる。これが2個結びついて水素分子(H_2)になるので，銅板で発生する気体は水素である。

問3　マグネシウムと銅ではマグネシウムの方が陽イオンになりやすいので，問2解説と同様に，マグネシウム原子が電子を2個失って，マグネシウムイオン(Mg^{2+})となって塩酸中に溶け出す。

問4　電解質の水溶液と2種類の金属板で電池をつくることができる。電流を流さない液体として，蒸留水，エタノール，砂糖水を覚えておこう。これらの液体が電流を流さないのは，液体中にイオンが存在しないためである。

7 **問1**　ア．木片が糸を引く力と，糸が木片を引く力は，作用・反作用の関係である。イ．木片の進行方向の力はおもりが糸を引く力である。こ

の力はおもりにはたらく重力によるものだから，おもりが床につくまで大きさは変化しない。

問2　〔仕事(J)＝力(N)×力の向きに動いた距離(m)〕，50cm→0.5m より，0.20×0.5＝0.10(J)となる。

問3　ウ．位置エネルギーは物体の高さに比例するから，おもりが床に近づけば位置エネルギーは小さくなる。

問4 木片は水平面上にあって床からの高さが変化せず，なくならない。また,運動を始める前の床からの高さはおもりより木片の方が高いから，ウが正答となる。

問5　おもりの位置エネルギーが，木片とおもりの運動エネルギーに移り変わる。木片とおもりは同じ重さだから，木片の運動エネルギーの増加量は，おもりの位置エネルギーの減少量の半分である。したがって，オが正答となる。

8 **問1**　空気中(x＝0)のときのばねばかりが示した値より小さくなった分が浮力の大きさである。図3より，Aのx＝0のときのFは3.2，x＝10のときのFは2.8だから，3.2−2.8＝0.4(N)となる。

問2　x＝10のとき，Bはすべて水中にある。浮力は水中にある物体の上面と下面にはたらく水圧の差だから，物体がすべて水中にあるとき，さらに物体を深く沈めても浮力の大きさは変化しない。したがって，イが正答となる。

問3　図5で棒が水平になるのは，AとBが同じ力で棒を引くときである。これは，図3で，AとBのFが等しくなるときだから，AとBのグラフの交点を求めればよい。

Aの式はF＝−0.04x＋3.2，Bの式はF＝−0.12x＋3.6 であり，これらを連立方程式として解くと，x＝5.0，F＝3.0となる。

問4　問3解説より，x＝5.0のとき，AとBがそれぞれ3.0Nの力で棒を引くから，図5のばねばかりが示す値は3.0×2＝6.0(N)となる。

2018(平成30)年度　解答例と解説

《解答例》

1 問1．1．オ　2．エ　3．エ　4．ア　問2．イ　問3．エ
問4．オ　問5．ウ

2 問1．ア　問2．ア　問3．イ，ウ　問4．イ　問5．ア

3 ［A群／B群／C群］
問1．(1)［イ／イ／ア］ (2)［ウ／ア／イ］ (3)［ア／ウ／ウ］
問2．(1)エ (2)ア (3)ウ (4)カ　問3．1．イ，オ　2．イ

4 問1．4　問2．②エ　③イ　問3．イ　問4．エ

5 問1．ア．8　イ．0
問2．1．ア．0　イ．0　ウ．5　2．ア．2　イ．0
問3．オ　問4．エ

6 問1．1．3　2．2　問2．(1)イ (2)オ (3)ア (4)※削除問題
(5)オ (6)イ (7)エ (8)カ (9)ア

7 問1．オ　問2．ウ
問3．1．水溶液A…ア　水溶液B…ア　水溶液C…イ
水溶液D…イ　水溶液E…イ
2．操作a…ア　操作b…ア　操作c…イ　操作d…イ
3．水溶液C…ウ　水溶液D…エ　水溶液E…オ
4．水溶液A…イ　水溶液B…ア　水溶液C…ア　水溶液D…イ
水溶液E…イ

8 問1．ア　問2．1．オ　2．エ　3．エ　4．オ
問3．ア，ウ

《解　説》

1 **問1**　**1**　マグニチュードが2大きくなると地震のエネルギーは1000倍になるので，(2×2＝)4大きくなると1000×1000＝1000000(倍)になる。

2　震度は，0，1，2，3，4，5弱，5強，6弱，6強，7の10階級に分けられている。

3　太平洋プレートとフィリピン海プレートが海のプレートで，ユーラシアプレートと北アメリカプレートが陸のプレートである。

4　プレートの境界付近で起こる地震の震源は，太平洋側ほど浅く，日本海側ほど深くなっている。

問2　イ．初期微動継続時間は，震源からの距離にほぼ比例する。

問3　エ．地盤のかたさの違いなどによって，震央からの距離が同じ場所でも震度の階級が違う場合がある。

問4　オ．岩石が気温の変化や水のはたらきなどによって表面からぼろぼろになってくずれていく現象である。

2 **問1**　実験イとロの結果より，白熱電球と球体の距離が大きくなるにしたがって，AとBの温度の差が3.8℃→3.4℃→1.2℃と小さくなっているのがわかる。

問2 白熱電球と球体の距離を大きくすると，OPの値は大きくなるが，OB－OAの値は20で変化しないので，$\frac{OB-OA}{OP}$は小さくなる。

問3　イ，ウ．夏は冬よりも太陽の南中高度が高く，昼の長さが長いので，夏の方が気温が高くなる。

問4，5　気体や液体が移動して熱が伝わる現象を対流という。これに対し，高温の物体から出る赤外線などが当たることで物体に熱が伝わる現象を放射という。太陽によって地球があたためられるのは，放射によるものである。

3 **問2**　消化管は，口から肛門までの食べ物が通る一続きの管である。肝臓などは消化液をつくるので消化に関わる器官(消化器官)ではあるが，消化管ではない。

問3　**1**　イ．成人Aの血糖値は，ブドウ糖摂取をしてから60分後に上昇前とほぼ同じ値に戻っている。オ．成人Aのブドウ糖摂取をする前の血糖値は，約90 mg/dLである。

2　イ．肝臓には，小腸の柔毛で吸収したブドウ糖をグリコーゲンに変えて貯蔵する働きがある。したがって，ブドウ糖をグリコーゲンに変えて貯蔵する働きが弱まると，血液中にブドウ糖が過剰に供給され，上昇した血糖値の低下が遅くなる。ア．柔毛でブドウ糖を吸収するのは小腸の働きである。ウ．尿素をこしとって尿をつくるのはじん臓の働きである。エ．酸素を細胞に運ぶのは毛細血管からしみ出た血しょう(組織液)の働きである。オ．体に有害な物質を体に無害な物質にかえるのは肝臓の働きであるが，血糖値の低下が遅くなることとは関係ない。

4 **問1**　有機物の移動から，①は生産者，②は消費者(草食動物)，③は消費者(肉食動物)である。二酸化炭素は呼吸によってすべての生物から排出されるので，②，③，分解者からも大気中の二酸化炭素に向かって実線の矢印が出る。さらに，生産者は光合成を行うときに二酸化炭素をとり入れるので，大気中の二酸化炭素から①に向かって実線の矢印が出る。したがって，図2中には全部で4本の実線の矢印がかかれていない。

問2　①にウ，②にエ，③にイを当てはめると，ペットボトル内の食物連鎖が成り立つ。

問3　イ．小さな泡が出ていたのは昼間だけだから，オオカナダモが昼間だけ行う光合成によってつくられた酸素だと考えられる。

問4　エ．メダカの出したふんは有機物である。有機物を分解するのは分解者の働きである。

5 **問1**　この記録タイマーは1秒間に100打点するから，5打点するのにかかる時間は$\frac{1}{100}$×5＝0.05(s)である。
打点AB間の長さは6.4－2.4＝4.0(cm)だから，
平均の速さは$\frac{4.0}{0.05}$＝80(cm/s)である。

問2　**1**　図3で，①の左の半円は打点Aの一部で，右の半円は打点Bの一部だから，①の幅は打点Aから打点Bまでの時間と同じである。したがって，問1解説より，0.05 sである。

2 問1で，長さが4.0 cmの打点AB間の平均の速さが80 cm/sだから，1 cmの長さは80×$\frac{1}{4.0}$＝20(cm/s)に相当する。

問3　図3で，1本目のテープは2.4 cm，2本目のテープは4.0 cm，3本目のテープは12.0－6.4＝5.6(cm)となっているので，1つ左のテープより1.6 cm長くなっていることがわかる。したがって，図3の打点Eを含んだテープの右には次の0.05秒間の28.0－19.2＋1.6＝10.4(cm)のテープが，その右には次の0.05秒間の10.4＋1.6＝12.0(cm)のテープが，さらにその右には次の0.05秒間の12.0＋1.6＝13.6(cm)のテープがくるので，打点Eが記録されてから0.15秒後に記録された打点の位置は，基準点Oから28.0＋10.4＋12.0＋13.6＝64(cm)である。

問4　斜面の角度を大きくすると，重力の斜面方向の分力Fが大きくなるため，速さが増加する割合が大きくなる。

また，斜面の角度を大きくすると，重力の斜面に垂直な分力は小さくなるため，その反作用である垂直抗力Nも小さくなる。

6 **問1**　導線を流れる電流が磁界から受ける力についての問題である。力の向きは，電流の向きと磁界の向きのどちらに対しても垂直になる。図4では，図2と同様にU字形磁石の外に向かい，電流の向きと磁界の向きのどちらに対しても垂直の向きである③の向きに力がはたらく(②の向きは電流に対して垂直ではない)。図5では，磁界の向きだけが 45°傾いたので，磁界の向きに垂直で，U字形磁石の外に向かうように②の向きに力がはたらく。

問2　(2)$\frac{1.5(\text{V})+1.5(\text{V})}{100(\Omega)}=0.03(\text{A})\rightarrow 30\text{mA}$

(5)$\frac{1.5(\text{V})+1.5(\text{V})}{100(\Omega)+200(\Omega)}=0.01(\text{A})\rightarrow 10\text{mA}$

(6)$100(\Omega)\times 0.01(\text{A})=1.0(\text{V})$

(7)$200(\Omega)\times 0.01(\text{A})=2.0(\text{V})$

(8)．(6)(7)より，$1.0+2.0=3.0(\text{V})$

(9)端子 a を c につないだときの b c 間の電圧は 3.0V，端子 a を d につないだときの b d 間の電圧は 3.0V でどちらも等しいが，２つの抵抗器を直列につないで回路全体の抵抗が大きいときの方が電流が小さくなっているので，アが正答となる。

7 **問1**　10ｇの５％が溶質である塩化水素の質量だから，100－５＝95(％)が溶媒である水の質量である。

したがって，水の質量は 10×0.95＝9.50(ｇ)である。

問2　ＢＴＢ溶液は酸性で黄色，中性で緑色，アルカリ性で青色に変化する。塩酸は酸性だから最初は黄色で，水酸化ナトリウム水溶液を加えていくことで酸性が弱まって過不足なく反応すると中性(緑色)になり，その後，さらに水酸化ナトリウム水溶液を加えるとアルカリ性(青色)になる。

問3　水溶液中に水素イオン(H^+)があれば酸性，水酸化物イオン(OH^-)があればアルカリ性，どちらもなければ中性を示す。図２より，水溶液Aには２つの水素イオンがあるから酸性を示し，ここにナトリウムイオン(Na^+)と水酸化物イオンが１個ずつ加わると，水素イオンと水酸化物イオンが結びついて水ができ，ナトリウムイオンは塩化物イオン(Cl^-)と結びつかずイオンのまま残る(水溶液B)。このように考えて，水溶液中のイオンの数をまとめたものが表Ｉである。

表Ｉ

	A	B	C	D	E
H^+	2	1	0	0	0
Cl^-	2	2	2	2	2
Na^+	0	1	2	3	4
OH^-	0	0	0	1	2

1　表Ｉより，水素イオンがある水溶液AとBは酸性，水酸化物イオンがある水溶液DとEはアルカリ性，どちらもない水溶液Cは中性である。

2　ビーカー内に水素イオンがあるときに水酸化ナトリウム水溶液を加えると中和が起こるので，中和が起こったのは操作ａとｂである。

3　表Ｉより，水溶液Cは４個，水溶液Dは６個，水溶液Eは８個である。

4　塩化物イオン１個とナトリウムイオン１個が結びついて塩化ナトリウム(NaCl)が１個でき，水酸化物イオン１個とナトリウムイオン１個が結びついて水酸化ナトリウム(NaOH)が１個できる。表Ｉより，水溶液Aでは何も残らず，水溶液Bでは塩化ナトリウムが１個，水溶液Cでは塩化ナトリウムが２個，水溶液Dでは塩化ナトリウムが２個と水酸化ナトリウムが１個，水溶液Eでは塩化ナトリウムが２個と水酸化ナトリウムが２個残る。

8 **問1**　大きいプラスチック容器は密閉されているので，容器の中で化学変化が起こっても，質量保存の法則より，容器全体の質量は変化しない。

問2　**1**　炭酸水素ナトリウムを加熱すると，炭酸ナトリウムと二酸化炭素と水に分解する。

これを化学反応式で表すと，$2NaHCO_3 \rightarrow Na_2CO_3 + CO_2 + H_2O$ となる。

2　図２より，加熱前(加熱時間が０分のとき)の炭酸水素ナトリウムの質量は 7.05－6.21＝0.84(ｇ)で，加熱時間が９分のときのステンレス皿に残っている固体の質量は 6.74－6.21＝0.53(ｇ)である。したがって，$\frac{0.53}{0.84}\times 100=63.0\cdots\rightarrow 63\%$である。

3　図２より，0.84ｇの炭酸水素ナトリウムを完全に分解すると質量が 7.05－6.74＝0.31(ｇ)小さくなる。また，加熱時間が１分のときのステンレス皿に残っている固体の質量は，加熱前より 7.05－6.95＝0.10(ｇ)小さくなっている。分解されずに残っている炭酸水素ナトリウムを完全に分解するとさらに 0.31－0.10＝0.21(ｇ)小さくなるから，分解されずに残っている炭酸水素ナトリウムは $0.84\times\frac{0.21}{0.31}=0.569\cdots\rightarrow 0.57$ｇである。

4　加熱前後で質量が 0.31ｇ変化する(小さくなる)のは，３解説より，0.84ｇの炭酸水素ナトリウムを分解したときである。図２より，0.84ｇの炭酸水素ナトリウムだけを完全に分解するとステンレス皿全体の質量は 6.74ｇになるから，混ざっていた炭酸ナトリウムが 6.90－6.74＝0.16(ｇ)だったことがわかる。したがって，加熱前の混ざり合った固体中の炭酸水素ナトリウムの割合は $\frac{0.84}{0.84+0.16}\times 100=84(\%)$である。

問3　イ．どちらも水溶液はアルカリ性を示す。エ．石灰岩の主成分は炭酸カルシウムである。オ．２つの物質は異なる物質であり，化学式は異なる(問２．１解説参照)。

2017(平成29)年度　解答例と解説

《解答例》

1　問1．(1)カ　(2)1　(3)2　(4)ク　(5)0　(6)2　(7)エ　(8)1　(9)コ
問2．1．ア　2．エ

2　問1．エ　問2．ア　問3．ア．0　イ．4
問4．ア．0　イ．3　問5．ウ

3　問1．エ　問2．ウ　問3．ア．2　イ．7　問4．イ

4　問1．1．ウ　2．ア　3．エ　問2．1．カ　2．エ

5　問1．時代…イ　生物…コ　問2．エ　問3．キ

6　問1．エ　問2．ア．2　イ．2　ウ．1　エ．1　オ．2
問3．ア　問4．ア．1　イ．2　ウ．2　エ．1　オ．1

7　問1．エ　問2．イ　問3．1．イ　2．ア　3．ウ
問4．エ

8　問1．(1)ウ　(2)オ　(3)ア　(4)イ　問2．ウ　問3．ケ

《解　説》

1　**問1**　(1)～(3)〔電力(W)＝電圧(V)×電流(A)〕を利用する。1200Wの家電製品に 100Vの電圧をかけると 1200(W)÷100(V)＝12(A)の電流が流れる。(4)～(6)〔電力量(Wh)＝電力(W)×時間(h)〕を利用する。10分間→$\frac{1}{6}$時間より，1200(W)×$\frac{1}{6}$(h)＝200(Wh)→0.2kWh となる。

問2　1　図3の並列回路ではどちらの電球にも 100Vの電圧がかかるが，図2の直列回路では 100Vの電圧が2つの電球に分かれてかかる。図2では，表示された電力が小さい電球Bの方が抵抗が大きいので，電球Aよりも大きな電圧がかかる。2つの電球を流れる電流は同じ大きさなので，電球Aの方が消費電力が小さく，暗く光る。

2　図3では，どちらの電球にも 100Vの電圧がかかるので，表示された電力が大きい(抵抗が小さい)電球Cの方が流れる電流が大きく，消費電力が大きくなる。電球Cを流れる電流は 100(W)÷100(V)＝1.0(A)である。

2　**問2**　重力に対して問1のア，イ，ウの条件を満たしたものを選べばよい。

問3　棒を水に沈めていったときに増加するはかりの読みを重さの単位とした値の大きさは，棒にはたらく浮力と同じ大きさである。図4で，棒全体が水中に入っていて，かつ棒が水底についていないのは，指をおろした距離が7cm～8.5cmのときなので，このとき棒にはたらく浮力は 0.4Nである。

問4　図5で，重力の矢印を斜辺とする直角三角形に着目すると，斜面に平行な向きの分力と重力の大きさの比が3：5になることがわかる。直方体にはたらく重力は 0.5Nなので，斜面に平行な向きの分力は 0.3Nである。

問5　図4で，指をおろした距離が 8.5cm～10cmのとき棒は水底についているので，棒にはたらく重力が 0.5Nだとわかる。問4より，直方体が棒を引く力は 0.3Nなので，棒にはたらく浮力が 0.5－0.3＝0.2(N)になったとき，直方体は静止する。図4より，棒にはたらく浮力が 0.2Nになるのは指をおろした距離が4cmのときだと読みとれるが，図4は棒の底面が水面から1cm上にある状態からおろしていったときの結果を表しているので，図5のように棒の底面がちょうど水面に接する位置から，糸をつまむ力をゆっくりとゆるめていくと，4－1＝3.0(cm)まで棒が下がったところで直方体は静止する。

3　**問1**　うすい塩酸は，水素イオン(H^+)をふくみ酸性を示すので，青色リトマス紙を用いると陽イオンである水素イオンによって赤色に変化し，陰極側に引きよせられていくようすが観察できる。

問2　原子は，＋の電気をもつ陽子と－の電気をもつ電子を同じ数もっていて，電気的に中性である。電子を失って＋の電気を帯びたものを陽イオン，電子を受け取って－の電気を帯びたものを陰イオンという。水素イオンは，電子を1個失って，＋の電気を帯びた陽イオンである。

問3　〔質量パーセント濃度(%)＝$\frac{溶質の質量(g)}{水溶液の質量(g)}$×100〕で求める。

塩化ナトリウム水溶液の質量は塩酸と水酸化ナトリウム水溶液の質量の和である 10.00＋10.97＝20.97(g)，溶質の質量は実験2－2で蒸発皿に残った固体の質量である 0.56gなので，$\frac{0.56}{20.97}$×100＝2.67…→2.7%が正答となる。

問4　塩化ナトリウムは80℃の水 100gに 40.0gまで溶けるので，0.56gの塩化ナトリウムを溶かす水の質量は 100×$\frac{0.56}{40.0}$＝1.4(g)である。また，塩化ナトリウム水溶液中の水の質量は 20.97－0.56＝20.41(g)なので，20.41－1.4＝19.01→約 19.0gの水が蒸発すれば，固体が出はじめる。

4　**問1**　1　表1の加熱前の質量から配られた銅の質量を引けば，それぞれの班のステンレス皿の質量を求められる。最も軽いステンレス皿は，5班の 35.00－1.50＝33.50(g)である。　2　表1で，加熱後の質量から加熱前の質量を引けば，化合した酸素の質量を求められる。1回目から5回目でそれぞれ 0.08g，0.11g，0.12g，0.12g，0.12gの酸素が化合している。　3　図2で，銅の粉末が 1.00gのときの化合物の質量が 1.25gなので，化合した酸素は 0.25gであり，銅：酸素＝1.00(g)：0.25(g)＝4：1となる。

問2　1　表2で，1班の結果に着目すると，一部が黒ずんだ銅の粉末の質量が 0.5gで，化合した酸素の質量が 35.10－35.00＝0.10(g)なので，これらの質量比は 0.50(g)：0.10(g)＝5：1となる。

2　一部が黒ずんだ銅の粉末と酸素の化合する質量比が5：1で，銅と酸素の化合する質量比が4：1なので，一部が黒ずんだ銅の粉末を5gとしたとき，酸素とすでに化合したものの質量は5－4＝1(g)である。したがって，1÷5×100＝20(%)が酸素とすでに化合していたことになる。

5　**問1**　恐竜やアンモナイトが生きていたのは中生代である。

問2　図1と2より，地点AからDにおけるY層の上面の標高を求めると，地点AとBでは 100－30＝70(m)，地点Cでは 90－40＝50(m)，地点Dでは 80－50＝30(m)となる。この結果より，地点A→C→Dと東に向かって低くなっていること，地点BからCへ南に向かって低くなっていることがわかるので，南東に向かって低くなるように傾いていると考えられる。

問3　図1で，地点BからCまでの距離と，地点DからEまでの距離はほぼ等しい。Y層の上面の標高は，地点Cの方が地点Bより 70－50＝20(m)低いので，地点EのY層の上面の標高は地点Dより 20m低い 10mだと考えられる。地点Eの地表の標高は 80mなので，地表から約 80－10＝70(m)の深さでY層にたどりつくと考えられる。

6 **問１**　光が１年かかって進む距離が１光年である。

問３　空気のかたまりが上昇すると，周りの気圧が低いので膨張して温度が下がる。温度が下がると飽和水蒸気量が小さくなり，空気中に含みきれなくなった水蒸気(気体)が水滴(液体)や氷の粒(固体)に変化して集まったものが雲である。

問４　金環食とは，見かけの大きさが太陽を隠す月の方が小さいため，月の外側に太陽がはみ出して細い光の輪のように見える現象である。したがって，金環食と皆既日食(月が完全に太陽を隠す現象)が同じ日に起こることはない。

7 **問１，２**　植物の葉が行う呼吸によって二酸化炭素が増える。二酸化炭素が水に溶けると酸性を示すため，ＢＴＢ溶液は黄色に変化する。

問４　図１の実験で石灰水の色は変化しなかったので，図２の実験でも石灰水の色は変化しない。また，図２の実験で広口びんの中にある二酸化炭素は植物の葉の光合成で使われたので，ＢＴＢ溶液の色は変化しない。

8 **問２**　精子(細胞C)や卵(細胞D)などの生殖細胞は，減数分裂によってつくられるので，染色体の本数が体細胞の半分になっている。精子と卵が受精することによって，染色体の数が親と同じになる。細胞Hは，体細胞の核を移植したもので，受精をせずに発生して個体Ｉとなっていることからも，染色体の本数は36本だとわかる。

問３　遺伝子は細胞の核にある染色体に含まれているので，個体Bの体細胞をとりだした細胞G，細胞Gの核を移植した細胞H，細胞Hが成長した個体Ｉは，すべて個体Bと持っている遺伝子がまったく同じである。

2016(平成28)年度　解答例と解説

《解答例》

1　問1．1．イ　2．イ　　問2．1．ア　2．エ

問3．ア．6　イ．0

2　問1．エ　　問2．イ，ウ　　問3．イ，ウ　　問4．ア

3　問1．1．キ　2．イ　3．カ　　問2．1．ア　2．エ

4　問1．エ　　問2．イ　　問3．ウ　　問4．ア

5　問1．エ　　問2．1．イ，オ　2．イ，カ　　問3．ウ

6　問1．1．オ　2．ア　　問2．A．ア　E．イ　　問3．イ

7　問1．ウ　　問2．1．ア　2．イ　　問3．1．ア　2．イ

8　問1．ア，ウ，カ　　問2．オ　　問3．エ

《解　説》

1　**問1．1**　〔質量パーセント濃度(%)$=\frac{\text{溶質の質量}}{\text{水溶液全体の質量}}\times100$〕より，$\frac{80}{400}\times100=20$(%)となる。

2　砂糖(溶質)の質量は80gで変わらないから，水溶液全体の質量が2倍になるように，水を400g加えればよい。

問2．1〔密度(g/㎤)$=\frac{\text{質量(g)}}{\text{体積(㎤)}}$〕より，$\frac{157.4}{20}=7.87$(g/㎤)となる。表より，この物質は鉄だとわかる。　**2**　密度が水銀よりも小さくなれば浮く。(1)，(2)では両方の金属の密度が水銀よりも小さいので，これらは水銀に浮く。(3)ではアルミニウムの質量が$2.70\times10=27$(g)，金の質量が$19.32\times10=193.2$(g)，合計で$27+193.2=220.2$(g)となる。このかたまりの密度は$\frac{220.2}{10+10}=11.01$(g/㎤)であり，水銀の密度よりも小さいので，水銀に浮く。したがって，浮く金属の組み合わせは3組である。

問3　マグネシウムがすべて酸化されるとき，マグネシウムの質量と酸化マグネシウムの質量は比例の関係にあるので，$2.4\times\frac{10.0}{4.0}=6.0$(g)となる。

2　**問2**　水酸化ナトリウム水溶液を電気分解すると，水が電気分解されて，陽極から酸素，陰極から水素が発生する。

問3 塩酸を電気分解すると，陽極から塩素，陰極から水素が発生する。したがって，陽極から発生する気体は実験2とは異なるが，陰極から発生する気体は実験2と同じである。

問4　塩酸と水酸化ナトリウム水溶液を混ぜるとたがいの性質を打ち消し合う反応(中和)が起こり，塩化ナトリウムと水ができる。pHが7.0になったとき，ちょうど中和して中性になっており，塩酸や水酸化ナトリウム水溶液は残っていないが，中和してできた塩化ナトリウムは電解質だから，水溶液中でイオンに分かれて電流が流れる。

3　**問1．1**　$\frac{4.0}{0.1}=40$(㎝/s)　　**2**　打点間のテープの長さの変化は$23.0-13.5=9.5$(㎝)だから，$\frac{9.5}{0.1}=95$(㎝/s)となる。

3　図2より，打点間のテープの長さは9.5㎝ずつ長くなっていることがわかるので，$23.0+9.5=32.5$(㎝)となる。

問2．1　おもりの質量は200gだから，おもりにはたらく重力は$\frac{200}{100}=2.0$(N)となるが，おもりが等速直線運動をしているので，おもりにはたらく合力は0Nである。　**2**〔仕事(J)＝加える力(N)×力の向きに動いた距離(m)〕より，仕事の大きさは$2.0\times0.75=1.5$(J)となる。打点Xから打点Yは5打点あるので，〔仕事率(W)$=\frac{\text{仕事(J)}}{\text{時間(s)}}$〕より，仕事率は$\frac{1.5}{0.5}=3.0$(W)となる。

4　**問1**　実験結果より，二つのストローの間には反発する力，紙袋とストローの間には引き合う力がはたらき，二つの紙袋の間には力がはたらいていないことがわかる。したがって，エが正答となる。なお，アについては，帯電している電気が正かどうかは分からないので適さない。

問2　Cの後の姉の言葉に，「一方の電気が他方の物体に移動してしまうと，残った分が逆の符号の電気として現れる」とあるので，ストローと紙袋をこすり合わせると，最初はストローと紙袋にそれぞれ異符号の電気が生じると考えられ，正答はイかエのどちらかとなる。その後，紙袋の電気がストローに移ると，ストローの電気もなくなると考えられるので，エは誤りであり，紙袋の電気だけがストロー以外のどこかに逃げたと考えられるので，イが正答となる。

問3　紙袋が帯電していることを確かめればよい。帯電している紙袋同士は同じ符号の電気をもつので，反発し合う。したがって，ウが正答となる。

問4　ストローを紙袋から引き抜くときに静電気が移動して帯電するので，ストロー同士，紙袋同士では反発し，ストローと紙袋では引き合う。続いて，ストローを紙袋にしまうと，再び静電気が移動して力が働かなくなることを確かめれば，帯電せず力がはたらかない紙袋やストローには正と負の電気の量が等しいことから，正と負の電気の量が等しいことが確かめられる。

5　**問1**　植物は蒸散によって，葉の気孔から水蒸気を排出している。

問2．1　肺では吸い込んだ空気中の酸素を血液中に取り入れている。また，小腸では口から取り入れた消化されて小さくなった食物を血液中に吸収している。　**2**　肺では二酸化炭素を血液から取り出し，体外へ排出している。また，腎臓では血液内にある不要な尿素や水分を取り出し，尿として体外へ排出している。

問3　被子植物では道管や師管，ヒトでは血管が全身にはりめぐらされており，その中を通る液体によって体全体に物質が運ばれている。

6　**問1．1**　Bは肺呼吸で変温動物だから，ハチュウ類のカメを選ぶ。

問2　Aは呼吸のしかたがえら呼吸から肺呼吸に変化しているので，両生類，Eは親と似た形の子を産む胎生なので，ホニュウ類である。したがって，Aは変温動物，Eは恒温動物である。

問3　肉食動物は目が顔の前面についており，両方の目の視野が重なって立体的に見える範囲が広く，えものとの距離をつかみやすい。肉食動物のライオンを選ぶ。なお，シマウマは草食動物である。

7　**問1**　北半球では，低気圧の中心に向かって反時計回りに風が吹き込む。低気圧はフィラデルフィアの東側を通るので，風向は北東，北，北西の順に変化する。

問2．1　上空を吹く強い西風(偏西風)によって移動する。

2　台風は偏西風の影響を受けて小笠原気団のふちを回るように移動する。

問3．1　月食は太陽，地球，月の順に一直線に並ぶ満月のときに観測できることがあり，月が地球の影に入って暗くなる現象である。したがって，同時に月が見える地域であれば，月食の始まりはほぼ同時に観測

できる。　**2**　皆既日食は，太陽，月，地球の順に一直線に並ぶ新月のときに観測できることがあり，太陽が月に隠されて完全に見えなくなる現象である。太陽や月の高度は観測地点の緯度によって異なるので，太陽が見える場所でも，ほぼ同時に皆既日食が観測できるとは限らない。

8　**問1**　花こう岩はマグマが地下の深いところでゆっくりと冷えて固まった岩石(深成岩)であり，同じくらいの大きさの鉱物が多いつくり(等粒状組織)をもつ。また，無色鉱物(セキエイやチョウ石)を多く含み，白っぽい色をしている。主な火成岩の名称と色を覚えておこう(下表)。

	白っぽい	灰色っぽい	黒っぽい
火山岩	流紋岩	安山岩	玄武岩
深成岩	花こう岩	せん緑岩	斑れい岩

問2　凝灰岩の層は，火山灰が堆積してできた地層である。凝灰岩の厚い地層があると，ふり積もった火山灰の量が多く，規模の大きな火山噴火があったことがわかる。

問3　サンゴの化石は，地層ができた当時の環境が浅くあたたかい海であったことを示す示相化石だから，エが正答となる。なお，石灰岩にうすい塩酸をかけると二酸化炭素が発生するので，ア〜ウは適さない。また，サンゴは現存する生物であり示準化石ではないので，カは適さない。

2015(平成27)年度　解答例と解説

《解答例》

1　問1．25　　問2．ア　　問3．エ　　問4．イ

2　問1．0.4　　問2．1.8　　問3．40

3　問1．①H^+　②OH^-　　問2．イ　　問3．ア

4　問1．イ　　問2．ア　　問3．0.75　　問4．2.0

5　問1．X．エ　Y．ウ　　問2．エ　　問3．ア，ウ，オ

6　問1．イ，ウ，カ　　問2．①6　②12　③12　　問3．ウ

7　問1．C→E→D→B　　問2．1→3→5→4→2
　問3．イ，ウ，オ

8　問1．3　　問2．13　　問3．ウ

《解　説》

1　問1．1.1 s から 1.2 s までのリングの運動は等速直線運動であり，そのときの速さは 250cm/s である。したがって，250×(1.2−1.1)＝25(cm)が正答となる。　問2．針金のコースの形は，リングの速さ(運動エネルギー)を表すグラフと上下を反転させた関係にあるので，アとイのどちらかである。アとイは，1回目の水平部分と2回目の水平部分を同じ時間で通過しているが，2回目の水平部分を運動するときの速さの方が速いので，2回目の水平部分の長さが1回目よりも長いアが正答となる。　問3．台車が移動した距離を求めるには，その時間におけるグラフと横じくで囲まれた部分の面積を求めればよい。右図のように考えて，0.4 s から 0.7 s までに移動した距離は 7.5+36＝43.5(cm)であり，平均の速さは 43.5÷0.3＝145(cm/s)である。

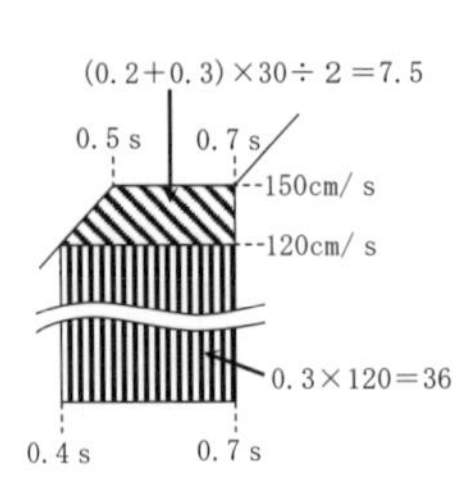

問4．イ．図2で，0.9 s とその 0.5 s 後の 1.4 s の速さ(運動エネルギー)が同じであることから，この2点での位置エネルギー(高さ)が同じであることがわかるので正しい。ア．針金を飛び出した後は，最高点に達してもリングが運動エネルギーをもっているため，すべりはじめと同じ高さまでは上がらないので誤りである。ウ．問2解説参照。エ．位置エネルギーが最小となるのは速さが最も速い 1.1 s から 1.3 s までの区間で，その距離は 250(cm/s)×0.2(s)＝50(cm)であるので誤りである。オ．リングの進行方向に力がはたらかないのは針金が水平部分を移動するときで，このときリングは等速直線運動を行う。2回ある等速直線運動はどちらも 0.2 s 続いているので誤りある。

2　問1．直列回路では，回路全体の抵抗が2つの抵抗の和と等しい。〔抵抗(Ω)＝$\frac{電圧(V)}{電流(A)}$〕より，$\frac{18}{15+30}$＝0.4(A)が正答となる。
問2．並列回路では，18Vの電圧が2つの抵抗にかかり，点Qを流れる電流は2つの抵抗に流れる電流の和と等しい。〔電流(A)＝$\frac{電圧(V)}{抵抗(Ω)}$〕より，$\frac{18}{15}+\frac{18}{30}$＝1.8(A)が正答となる。
問3．〔電力(W)＝電圧(V)×電流(A)〕より，回路Aの電力は 18×0.4＝7.2(W)，回路Bの電力は 18×1.8＝32.4(W)である。水の量が同じであれば，上昇温度は発熱量に比例する。したがって，〔発熱量(J)＝電力(W)×時間(s)〕より，回路Bに電流を流す時間をx秒とすると，7.2×180＝32.4×xが成り立ち，x＝40(秒)となる。

3　問1．塩化水素が電離するようすは $HCl \to H^+ + Cl^-$，水酸化ナトリウムが電離するようすは $NaOH \to Na^+ + OH^-$ と表す。　問2．塩酸と水酸化ナトリウム水溶液を混ぜると，たがいの性質を打ち消し合う中和が起こり，塩化ナトリウムと水ができる〔$HCl + NaOH \to NaCl + H_2O$〕。実験3ではpHの値が7になっている(中性である)ので，スライドガラス上にはこの中和によってできる塩(えん)である塩化ナトリウムの結晶のみが残る。
問3．1.8％で 15.00 g の塩酸に含まれる塩化水素は 15.00×0.018＝0.27(g)，3.8％で 22.75−15.00＝7.75(g)の水酸化ナトリウム水溶液に含まれる水酸化ナトリウムは 7.75×0.038＝0.2945(g)である。塩化水素と水酸化ナトリウムの質量の和は 0.27+0.2945＝0.5645→0.56 g であり，これが中和によってできた塩化ナトリウムと水の質量の和となるので，生じた塩化ナトリウムの質量は 0.56 g よりも少ない。

4　問1．酸化銅と炭素粉末を混ぜて加熱すると，酸化銅が還元されて銅ができ，炭素が酸化されて二酸化炭素が発生する〔$2CuO + C \to 2Cu + CO_2$〕。酸化物から酸素をとりのぞく反応を還元といい，同時に酸化が起こる。
問2，3．表のA，B，Cの結果から炭素粉末が 0.30 g 大きくなると発生する二酸化炭素が 560 ㎤大きくなること，DとEの結果から 10.00 g の酸化銅から発生する二酸化炭素が最大で 1400 ㎤であることがわかる。これらのことから，1400 ㎤の二酸化炭素が発生する(10.00 g の酸化銅が完全に反応する)ときに必要な炭素粉末が $0.30\times\frac{1400}{560}$＝0.75(g)だとわかる。したがって，Eの試験管の中に残った固体は酸化銅が還元されてできた銅(単体)と，反応せずに残った炭素(単体)の混合物である。
問4．Bで発生した 560 ㎤の二酸化炭素の質量が(10.00+0.30)−9.20＝1.10(g)だとわかる。したがって，二酸化炭素 1000 ㎤あたりの質量は $1.10\times\frac{1000}{560}$＝1.96…→2.0 g である。

5　問1．Xは犬歯，Yは臼歯である。　問3．歯の特徴や両目の配置から，Aは肉食動物，Bは草食動物だとわかる。また，AとBが哺乳類であることから，ア(セキツイ動物の特徴)，ウ(鳥類と哺乳類の特徴)，オ(哺乳類の特徴)が正答となる。なお，セキツイ動物のその他の特徴は下表の通りである。

	体表	呼吸	体温調節	子のうみ方
魚類	うろこ	えら	変温	卵生
両生類	しめった皮ふ	子はえら 親は肺と皮ふ	変温	卵生
は虫類	うろこや甲ら	肺	変温	卵生
鳥類	羽毛	肺	恒温	卵生
哺乳類	毛	肺	恒温	胎生

6　問1．観察3より，ムラサキツユクサは単子葉類だとわかる。
問2．生殖細胞である①の精細胞の核は減数分裂によってできたので，染色体の数が②や③の半分の 12÷2＝6(個)である。　問3．茎から上の部分を切り取り，水の入ったビーカーに入れたところ，茎から根が出たので，ムラサキツユクサは無性生殖も行っていると考えられる。

7　問1，2．次頁参照。　問3．イ．月は満月のあと，右側から少しずつ欠けていく。ウ．金星は内惑星であるため，A以外の形でも真夜中に見ることはできない。オ．Eの形の月は三日月で，三日月は午前8時ごろに東の地平線からのぼり，午後8時ごろに西の地平線に沈むので，真夜中に見ることはできない。

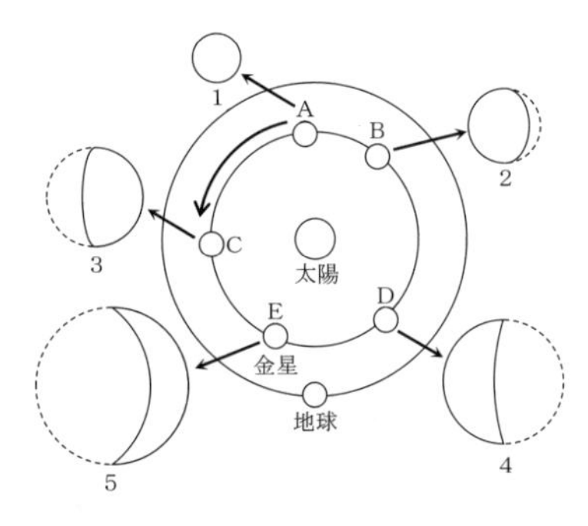

8　問１．Ｂ地点にＰ波が届くのが地震発生から 28(km)÷７(km/ｓ)＝４(秒後)，Ｓ波が届くのが 28(km)÷４(km/ｓ)＝７(秒後)であるので，初期微動継続時間は７－４＝３(秒間)である。 問２．Ｃ市で主要動が始まった(Ｃ市にＳ波が届いた)のは地震発生から 84(km)÷４(km/ｓ)＝21(秒後)である。また，緊急地震速報が発信されるのはＢ地点で初期微動が始まってから４秒後であり，地震発生から４＋４＝８(秒後)である。したがって，Ｃ市で主要動が始まったのは，緊急地震速報が発せられてから 21－８＝13(秒後)である。　問３．マグニチュードの大きさと地震波の伝わる速さには関係がない。

2014（平成26）年度　解答例と解説

《解答例》

1　問1．エ，オ　問2．エ　問3．8

2　問1．3.6　問2．ＡＢ間…315　ＣＤ間…×　ＥＦ間…210
問3．①イ　②ウ　問4．2

3　問1．①イ　②ア　③イ　④ウ　問2．ア　問3．ア，エ，ク

4　問1．①2　②2　③MgO　④C　問2．ア　問3．オ

5　問1．①エ　②ア　問2．1：3　問3．1：1

6　問1．エ　問2．ア　問3．イ，エ，オ

7　問1．①ア　②エ　③オ　④カ
問2．右表　問3．ウ

	湿　度	水蒸気の量
実験1	ケ	イ
実験2	キ	イ
実験3	ケ	オ
実験4	キ	エ

8　問1．エ　問2．21.2
問3．12時…エ　16時…イ

《解　説》

1　問1．月からの光は棚田の水面で反射して目に届く。このとき，光は反射の法則にしたがって入射角＝反射角となるように進むので，月は一つしか見えない。また，月からの光が直接目に届くときと，水面で反射して目に届くときで，光が進む距離はほとんど変わらないので，棚田に映る月は，直接見る月とほぼ同じ大きさに見える。　問2．スタート台に立ったとき，水面に映った月が水平より45°下方に見えたことから，月からの光が水面で反射するときの入射角は45°だとわかる。この光が水中に届くとき，入射角＞屈折角となるように折れ曲がるので，水中から見上げると，45°より大きい角度の方向に見える。　問3．物体を焦点距離の2倍の位置に置くと，反対側の同じ位置に同じ大きさの実像がうつるので，この実験でできる実像の長さは2cmである。また，Ｃを通った光は実像の先端を通ることから，ＯＣ：実像の長さ＝4cm：2cm＝2：1となる。求める長さを$x$cmとすると，三角形の相似を利用して　2：1＝$x$cm：$(12-x)$cm　より，x＝8cm　となる。

2　問1．仕事（Ｊ）＝加える力（N）×力の向きに動いた距離（m），仕事率（W）＝仕事（Ｊ）÷時間（s）より，2.0N×0.90m÷0.50s＝3.6W　となる。
問2．斜面では，重力と垂直抗力の合力は，レールに平行な下向きの力としてはたらくので，ＡＢ間では図2の0°から時計回りに45°回転した向き（右図），ＥＦ間では180°から反時計回りに30°回転した向きになる。また，ＣＤ間では物体が水平面上にあるので，重力と垂直抗力がつり合っており，合力の大きさは0である。

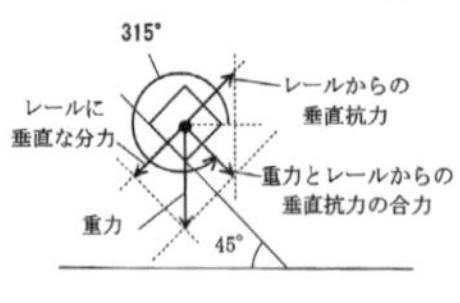

問3．物体が斜面を下るとき，物体には運動方向に一定の力がかかるので，速さは時間に比例し，移動距離（速さ×時間）は時間の2乗に比例する。
問4．Ａにおいて物体がもっている位置エネルギーを3とすると，力学的エネルギー（位置エネルギーと運動エネルギーの和）は一定になるので，Ｆにおける力学的エネルギーは3である。Ｆにおける位置エネルギーは1だから，Ｆにおける運動エネルギーは　3－1＝2　となる。したがって，2÷1＝2倍　となる。

3　問2．実験1では，亜鉛と塩酸の化学変化によって水素（H_2）が発生する。塩酸は濃度が薄くなり，水溶液の酸性は弱くなる。　問3．実験2では，化学電池ができている。銅よりも陽イオンになりやすい亜鉛が電極に電子を渡して亜鉛イオン（Zn^{2+}）になり，亜鉛板が溶け出す。電子は電流計を通って銅板へ移動し，銅板で水素イオン（H^+）に電子を渡して水素（H_2）が発生する。

4　問1．問題文より，マグネシウムと二酸化炭素が反応すると，酸化マグネシウム（MgO）と炭素（C）ができることがわかる。化学反応式をつくるときは，式の左右で原子の種類と数が等しくなるように係数をつける。
問2．化学変化の前後で，反応にかかわる物質の質量の総和は変わらない（質量保存の法則）ので，二酸化炭素の質量は$(z-y)$ gとなる。　問3．y gのマグネシウムと二酸化炭素の反応でできる酸化マグネシウムと炭素の合計の質量がz gであり，w gのマグネシウムと酸素の反応でできる酸化マグネシウムの質量がx gである。これらの反応で，マグネシウムの質量が等しければ，酸化マグネシウムの質量も等しいので，y gのマグネシウムと二酸化炭素の反応でできる酸化マグネシウムの質量は$(x\times\frac{y}{w})$ gとなる。したがって，炭素の質量は$(z-\frac{xy}{w})$ gとなり，オが正答となる。

5　問1．①緑の種子をつくる純系のエンドウの遺伝子は☆☆で表されるので，減数分裂によってできる花粉の遺伝子は☆で表される。②黄の種子をつくる純系のエンドウの遺伝子は◇◇で表されるので，純系同士を交配させてできる種子の遺伝子はすべて☆◇で表される。　問2．実験1より，黄の種子が優性の形質だとわかるので，☆◇の遺伝子をもつ種子を自家受粉させると，できる種子の遺伝子の比は☆☆（緑の種子）：☆◇（黄の種子）：◇◇（黄の種子）＝1：2：1となり，緑の種子：黄の種子＝1：3　となる。　問3．緑の種子の遺伝子は☆☆だから，黄の種子の遺伝子が☆◇であれば，できる種子の遺伝子の比は☆◇（緑の種子）：☆☆（黄の種子）＝1：1となる（黄の種子の遺伝子が◇◇であれば，できる種子はすべて黄になる）。

6　問2．えらでは，気体の交換が行われる。酸素は赤血球によって全身へ運ばれ，二酸化炭素は血しょうに溶けて運ばれる。　問3．植物プランクトンは，光合成を行って有機物をつくり出し，酸素を放出している。また，消費者によって直接的または間接的に食べられることで，消費者の体をつくる栄養の源となっている。

7　問1．乾球の示す温度は湿球の示す温度よりも高い。これは，湿球の球部にはぬれたガーゼが巻いてあり，ガーゼから水が蒸発するときに熱をうばうからである。　問2．乾湿計用湿度表を用いて湿度を求める。実験1では84%，実験2では48%，実験3では85%，実験4では47%となる。また，乾球の示す温度が気温だから，気温と水蒸気の量のグラフからそれぞれの水蒸気量を読みとることができる。　問3．問2より，空気1㎥に含まれている水蒸気の量が約6gのときにはウイルスが死滅しないで残っていることがわかるので，ウが正答となる。

8　問1．図2より，Ａ地点は4地点の中で6月に昼間の時間が最も短く，12月に最も長いことがわかるので，南半球の中でも南にあるエが正答となる。　問2．図4より，太陽の南中高度は90°から〔緯度－23.4°〕を引いた値になることがわかる。したがって，稚内市の緯度をx°とすると，90°－(x°－23.4°)＝68°　より，x＝45.4°　となる。冬至の日の太陽の南中高度は〔90°－緯度－23.4°〕で求められるので，90°－45.4°－23.4°＝21.2°　となる。　問3．夏至の日の太陽の高度は冬至の日よりも高いので，夏至の日の太陽の日差しによる影は，同じ時刻にできる冬至の日の太陽の日差しによる影よりも短くなる。したがって，イ，ウ，エが夏至の日の影であり，最も短いエが12時の影である。また，エの影のできる方角が北で，その後東向きに変わっていくので，16時の影はイとなる。

2013(平成25)年度　解答例と解説

《解答例》

1 問1．エ　問2．ウ　問3．ウ

2 問1．イ　問2．ウ　問3．ウ，エ，イ，ア　問4．ウ

3 問1．1．エ　2．イ　問2．W．イ　X．ウ　Y．ア　Z．エ

4 問1．①2　②CO_2　問2．1.32　問3．エ

5 問1．記号…ウ　名称…胚珠　問2．①8　②8　③16
問3．A→F→E→D→B

6 問1．(ア)，エ，オ，カ，オ，ウ，(イ)
問2．(ア)，エ，オ，ウ，(イ)　問3．イ

7 問1．イ　問2．ウ　問3．エ

8 問1．示相化石　問2．ア　問3．イ

《解　説》

1 問1・2．水中にある物体にはたらく上向きの力を浮力という。AとBは底面積が等しいので，AとBが同じ高さだけ水中に入っているときにはたらく浮力は等しい。したがって，問1ではAとBのグラフのばねはかりの読みの減り方が等しく，エが正答となる。　問3．図2より，xが0cmのときのwの値(100g)がCの質量だとわかるので，Cの重力は 100(g)÷100(g)＝1(N)となる。xが6cmのときwは40g(0.4N)を示しているので，Cにはたらく浮力は 1(N)－0.4(N)＝0.6(N) となる。

2 問1．図2より，0.005(秒)×6＝0.03(秒)で2.5回振動するので，2.5(回)÷0.03(秒)＝83.3…≒80(Hz) となる。　問2．ア，イは 0.005(秒)×6＝0.03(秒) でそれぞれ5回と6回振動する。また，ウ，エは 0.002(秒)×6＝0.012(秒) でそれぞれ3.5回と3回振動するので，アの振動数は 5(回)÷0.03(秒)≒167(Hz)，イの振動数は 6(回)÷0.03(秒)＝200(Hz)，ウの振動数は 3.5(回)÷0.012(秒)≒292(Hz)，エの振動数は 3(回)÷0.012(秒)＝250(Hz) となり，ウが一番大きいことがわかる。　問3．弦の長さが短いほど振動数が大きくなって音が高くなるので，振動数が大きい順に並べればよい。　問4．図2の振動数は約 80Hz だから，弦は1秒間に 80 回振動する。図6より，ストロボスコープは弦が1回振動する間に2回光ることがわかるので，光る間隔は 1(秒)÷80(回)÷2(回)＝0.00625(秒)≒0.006(秒) となる。

3 問1．1．グラフで50℃の水100gに硝酸カリウムは約85g溶けるので，質量パーセント濃度＝$\frac{\text{溶質の質量}}{\text{水溶液全体の質量(g)}}\times 100=\frac{85(g)}{100(g)+85(g)}\times$ 100＝45.9…≒46(%) となる。　2．グラフより，20℃の水 100gに硝酸カリウムは約 31g溶けるとわかるので，飽和水溶液 100(g)＋85(g)＝185(g) では，85(g)－31(g)＝54(g) の結晶が出てくる。したがって，飽和水溶液100gでは $54\times\frac{100(g)}{185(g)}$≒29(g) の結晶が出てくる。問2．アでは水素，イでは酸素，ウではアンモニア，エでは二酸化炭素が発生する。これらの気体の中で，水素は最も軽く，アンモニアは最も水によく溶け，酸素は他のものを燃やすはたらきがある。

4 問1．化学反応式をかくときは，式の左辺と右辺で原子の種類と数が等しくなるように係数をつける。　問2．化学変化の前後で，反応にかかわる物質の質量の総和は変わらない(質量保存の法則)ので，Aで発生した気体(二酸化炭素)は 62.41(g)＋50.00(g)＋2.00(g)－113.53(g)＝0.88(g)，Bで発生した気体は 61.84(g)＋50.00(g)＋4.00(g)－114.08(g)＝1.76(g) となる。このように，発生した気体の質量は反応した炭酸カルシウムの質量に比例するので，炭酸カルシウム 3.00gが反応すると $0.88(g)\times\frac{3.00(g)}{2.00(g)}$＝1.32(g) の気体が発生する。　問3．二酸化炭素を石灰水に通すとき，石灰水を白くにごらせる物質が炭酸カルシウム($CaCO_3$)である。このことから，炭酸カルシウムは水に溶けにくい物質だとわかる。また，ビーカーCでは塩酸(HCl)がすべて反応して残っていないので，ビーカーCに残っている電解質は反応してできた塩化カルシウム($CaCl_2$)だとわかる。

5 問1．アはめしべ，イはおしべ(やく)，ウは胚珠，エは子房である。胚珠は種子に，子房は果実になる。　問2．精細胞や卵細胞などの生殖細胞がつくられるとき，染色体の数が半分になる減数分裂が行われる。また，卵細胞と精細胞が合体して受精卵になると染色体の数がもとに戻る。

6 問1．感覚器が受け取った刺激の信号は，感覚神経を伝わってせきずいに達し，せきずいから脳(大脳)へ伝えられる。次に，脳で出された命令の信号は，せきずいから運動神経を伝わってからだの各部の筋肉へ伝えられて反応が起こる。　問2．反射が起こるとき，感覚器が受け取った刺激の信号は，感覚神経を通ってせきずいに達し，せきずいからの命令の信号が運動神経を通って筋肉へ伝わる。なお，反応が起こった後に刺激の信号は脳へ伝わる。　問3．無意識に起こる反応を選ぶ。

7 問1．ひまわりは，地上からはいつも空の同じ位置にあるので，地球の自転と同じ速さで公転していることがわかる。　問2．月は地球のまわりを公転していることから，月から地球を見ると地球は太陽の光を受けて満ち欠けして見える。また，月は常に同じ面を地球に向けていることから，月面上のある場所から移動せずに地球を観察すると，空に見える地球の位置は変わらない。　問3．太陽から月までの距離は，地球から月までの距離に比べて非常に遠いので，月が地球のまわりを公転しても，太陽の見える方角は地球上から見たときとほとんど変わらない。したがって，地球の公転によって2週間で反時計回りに約 15 度回転すると，太陽が見える方角も約 15 度動くと考えられるので，やぎ座とみずがめ座の間に見えていた太陽は，よりみずがめ座の方向に近づいて見える。

8 問2．しゅう曲は，両側から押す力がはたらいたときにできる曲がりくねった地層である。
問3．主な示準化石とその時代を覚えておきたい(右表)。

	主な示準化石
古生代	サンヨウチュウ，フズリナ
中生代	アンモナイト，恐竜
新生代	ビカリア，ナウマンゾウ

2012(平成24)年度 解答例と解説

《解答例》

[1] 問1．ウ　問2．イ，エ　問3．イ，ウ

[2] 問1．①カ　②ア　問2．①ア　②ウ　③オ

[3] 問1．砂岩…④　安山岩…③　でい岩…⑤　れき岩…②　花こう岩…①　問2．ウ　問3．イ

[4] 問1．オ　問2．エ　問3．オ

[5] 問1．イ　問2．エ　問3．①H_2SO_4　②H^+　③$SO_4{}^{2-}$

[6] 問1．1．ア…2　イ…2　X…H_2　Y…O_2　Z…H_2O　2．0.053　問2．ク

[7] 問1．B，A，C　問2．30　問3．イ

[8] 問1．0.6　問2．ウ　問3．1.5　問4．2.5

《解　説》

[1] 問1．鳥類は体温を一定に保てる恒温動物だが，ハ虫類はまわりに気温に応じて体温も変化する変温動物である。なお，鳥類，ハ虫類ともに，殻のある卵を産み，子も親も肺呼吸をするので，アとイは鳥類，ハ虫類に共通の特徴である。また，エはハ虫類の特徴であり，鳥類のからだは羽毛でおおわれている。　問2．三葉虫，フズリナは古生代(5億4千万年前～2億5千万年前)，始祖鳥は中生代(2億5千万年前～6500万年前)，マンモス，ナウマンゾウ，ビカリアは新生代(6500万年前～)に栄えた生物である。　問3．始祖鳥の化石は，ハ虫類から鳥類への進化の根拠になると考えられる。ア，オについては，始祖鳥の化石だけでは正しいとも間違っているともいえない。また，エについては，始祖鳥の化石からはホ乳類への進化についてはわからない。

[2] 問1．①Aは葉と茎と水面，Bは茎と水面，Cは水面から水が減るので，a－cをすれば，葉と茎からの水の蒸散量(蒸発量)がわかる。②a－bをすれば，葉からの水の蒸散量がわかる。

[3] 問1．火成岩(安山岩，花こう岩)は，マグマが冷えて固まった岩石で，粒の角がとがっているが，堆積岩(れき岩，砂岩，でい岩)は，流水のはたらきで運ばれてきたものが堆積して押し固められてできた岩石だから，粒の角がとれて丸みをおびている。したがって，①，③が火成岩，②，④，⑤が堆積岩である。火成岩のうち，安山岩は大きな粒の結晶(斑晶)と小さな粒やガラス質の部分(石基)からなる斑状組織をもち，花こう岩は大きな粒の結晶からなる等粒状組織をもつので，①が花こう岩，③が安山岩である。また，れき岩(粒の直径が2㎜以上)，砂岩(直径0.06～2㎜)，でい岩(直径0.06㎜以下)は粒の大きさで区別するので，②がれき岩，④が砂岩，⑤がでい岩である。　問2．はん状組織は，マグマが地表付近で急に冷えて固まるとでき，等粒状組織は，マグマが地下でゆっくり冷えて固まるとできる。　問3．イ；ミョウバンやサリチル酸フェニルをゆっくり冷やすと結晶が大きくなり，すぐに冷やすと結晶が小さくなることから，火成岩の組織のでき方を類推することができる。

[4] 問1．寒冷前線と温暖前線の記号や特徴を覚えておきたい。　問2．温暖前線が近づくと，天気が少しずつ悪くなり，乱層雲が発達してゆるやかな雨が長時間ふり続くが，前線が通過すると天気は回復し気温が上がる。問3．表より，30℃での飽和水蒸気量は30.4g/㎥だから，空気1㎥あたりに$30.4\times0.7=21.28$(g/㎥)の水蒸気が含まれていた。28℃での飽和水蒸気量は27.2gだから，1時間後の空気1㎥あたりの水蒸気量は$27.2\times0.5=13.6$(g)となる。したがって，25㎥の室内では$(21.28-13.6)\times25=192$(g)となる。

[5] 問1．食酢を水溶液Xとして用いたので，青色リトマス紙を用いて電圧を加えると，酸性の性質を示す水素イオン(H^+)が－極側に引かれて，－極側が赤色になる。　問2．水溶液をしみこませたろ紙の周りの部分が青色に変化したので，水溶液はアルカリ性で，電圧を加えるとアルカリ性の性質を示す水酸化物イオン(OH^-)が＋極側に引かれて，＋極側が青色になる。問3．硫酸に水酸化バリウム水溶液を加えると，硫酸バリウムの白い沈殿と水ができるので，この酸は硫酸である。硫酸の電離を表す式をかけばよい。

[6] 問1．1．水素と酸素が化合して水ができる反応を表す式をかけばよい。2．反応の前後で，反応にかかわる物質の質量は変わらない(質量保存の法則)。水素70㎤の質量は$0.084\times\frac{70}{1000}=0.00588$(g)，酸素35㎤の質量は$1.332\times\frac{35}{1000}=0.04662$(g)だから，$0.00588+0.04662=0.0525$(g)≒0.053(g)となる。　問2．水素60㎤と酸素$\frac{60}{2}=30$(㎤)が反応するので，酸素$60-30=30$(㎤)が残る。酸素1000㎤の重さは1.332gだから，酸素30㎤の重さは$1.332\times\frac{30}{1000}=0.03996≒0.040$(g)となる。

[7] 問1．オームの法則より，箱Aの抵抗は 抵抗$=\frac{電圧}{電流}=\frac{0.75}{0.025}=30(\Omega)$となる。同様にして箱Bの抵抗は$\frac{6.0}{0.1}=60(\Omega)$，箱Cの抵抗は$\frac{3.0}{0.2}=15(\Omega)$となる。したがって，B＞A＞C となる。　問2．同じ大きさの電熱線を2本直列につなぐと，抵抗値は電熱線1本のときの2倍になるが，同じ大きさの電熱線を2本並列につなぐと，抵抗値は電熱線1本のときの半分になる。したがって，電熱線1本がつながれている箱は箱Aだとわかり，電熱線1本の抵抗は30Ωである。問3．箱Cを2つ直列につないだので，この部分の抵抗は$15+15=30(\Omega)$となる。電流計と電圧計の値はア：電圧4.5V，電流300mA，イ：電圧2.4V，電流80mA，ウ：電圧1.8V，電流30mAだから，抵抗が30Ωとなるのはイのときである。

[8] 問1．Aの移動距離が0.6mに達したとき，Bの位置エネルギーが0になったので，おもりははじめ床から0.6mの高さにあったと考えられる。問2．Aをはなす直前にBのもつ位置エネルギーは3Jである。摩擦や空気抵抗がなければ物体がもつ力学的エネルギー(位置エネルギーと運動エネルギーの和)は一定になるので，Bのもつ位置エネルギーがAとBの運動エネルギーに変換される。AとBは同じ速さで運動し質量が等しいので，Bが床につく直前にAとBがもつ運動エネルギーは等しい。したがって，Bが床につくとき，Aの運動エネルギーは$3\div2=1.5$(J)まで増加する。このようなグラフはウである。　問3．問2解説より，床と衝突する直前にBがもつ運動エネルギーは$3\div2=1.5$(J)だとわかるので，床との衝突でBが失った運動エネルギーも1.5Jである。　問4．糸がAを引く力をxNとすると，仕事(増加した運動エネルギー)＝加える力×力の向きに物体が動いた距離$=x\times0.6=1.5$(J)より，$x=2.5$(N)となる。

2011(平成23)年度　解答例と解説

《解答例》

1 問1．〔中心→外側〕ウ(→)エ(→)ア(→)イ　問2．イ・ウ　問3．ウ
問4．①イ　②ウ　③オ

2 問1．〔対物レンズ〕イ〔大きさ〕キ　問2．①細胞壁　②核　問3．ア・ウ

3 問1．エ　問2．1．イ　2．オ　3．ウ

4 問1．示準化石　問2．ア・エ　問3．エ　問4．ア・ウ

5 問1．1.04(g)　問2．3.50(g)　問3．1.50(g)　問4．イ

6 問1．〔5分後〕イ〔20分後〕ウ　問2．①イ　②ウ　問3．ウ　問4．イ

7 問1．③　問2．〔軽い→重い〕エアイウ　問3．エ　問4．0.9(A)
問5．4.5(V)

8 問1．0.4(m/秒)　問2．ウ　問3．ア・ウ　問4．イ

《解　説》

1 問3．花びらとがくが十字形に4枚ずつついているのはアブラナである。

2 問1．観察(1)では，10倍の接眼レンズと4倍の対物レンズを使って40倍にしたので，(2)では対物レンズを40倍に変え，倍率を　40×10＝400(倍)にしたことがわかる。また，この細胞の大きさは図1の2mm分で，図2の倍率は図1の　400÷40＝10(倍)　だから，2÷10＝0.2(mm)　である。

3 問2．1．日没直後に南の空に見える月は右側半分が光る。このとき月から地球を見ると，太陽の光を受けて左側半分が光る(右図参照)。　2．上弦の月→満月(7日後)→下弦の月(15日後)→新月(22日後)の順に満ち欠けするので，月の形は次第に満ちていくが，地球と月の間の距離はほとんど変化しないので，見かけの大きさは変わらない。

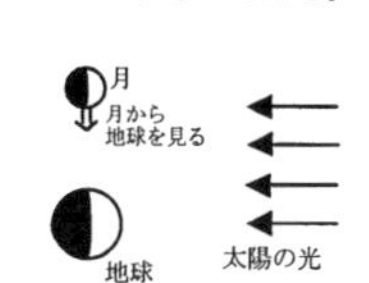

3．金星も月と同様に太陽の光を受けて光る。日没後西の空に見える金星(よいの明星)の右側半分が光るとき，太陽，地球，金星の位置は右図のようになる。金星の方が地球より公転周期が短く，今後金星は地球に近づくので，金星の形は次第に欠けて，大きく見える。

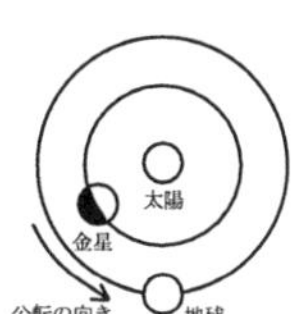

5 問1．表より，A～Cは比例しているので，発生した二酸化炭素は　$0.52\times\frac{2.00}{1.00}=1.04$(g)　となる。　問2．表より，二酸化炭素は1.82g以上発生していないので，炭酸水素ナトリウムを　$1.00\times\frac{1.82}{0.52}=3.50$(g)　加えればよい。　問3．5.00－3.50＝1.50(g)

6 問3．ミョウバンの溶解度が24g以上になるのは40℃以上のときである。
問4．グラフより，溶解度が　$70\times\frac{100}{200}=35$(g)　になるのは約49℃のときである。実験のグラフで49℃以下になるのは，約44分後である。

7 問1．6V，18Wの電熱線には，6V，9Wの2倍の電流が流れる。
問2．同じ電圧のとき，流れる電流が弱いものほど手ごたえが軽い。
問3．図4で，電圧は1.5Vだから，図3より，400mA(＝0.4A)とわかる。
問4．図3より，電圧が2.0Vのとき電流は450mA(＝0.45A)だとわかるので，それぞれの豆電球の電流は0.45Aとなり，電流計は　0.45＋0.45＝0.9(A)　を示す。　問5．電流が500mAのとき，図2より②の電熱線の電圧は2.0V，図3より豆電球の電圧は2.5Vだから，2.0＋2.5＝4.5(V)

8 問1．図3より，5打点(0.1秒)の走行距離は40.5mm(＝0.0405m)だとわかるので，0.0405÷0.1≒0.4(m/秒)　となる。　問2．高い台のグラフで，5打点の走行距離が40.5mmを越えるのは5番目である。　問3．図3のグラフの縦軸が台車の速さをあらわすので，アとウが正しいことがわかる。　問4．10cm間隔内の打点数は，斜面上で速さが増すと急激に減少し，水平面上で速さがゆっくり減少すると，ゆっくり増加する。また，高い台ほど速さが速いので，打点数は少ない。

2010(平成22)年度　解答例と解説

《解答例》

1 問1．1．ウ　2．ア　問2．1　25(m)　2　50(cm/秒)　問3．ウ

2 問1．イ　問2．ア・イ・オ　問3．イ・オ　問4．15(Ω)

3 問1．〔名称〕水素イオン〔イオン式〕H^+　問2．〔5cm³加えたとき〕ア・ウ
〔10cm³加えたとき〕ア・ウ　問3．エ　問4．ウ・オ

4 問1．ウ　問2．〔名称〕水素〔質量〕1(g)　問3．イ・ウ・オ

5 問1．B．心臓　C．肝臓　D．小腸　問2．B(→)E
問3．①D　②E

6 問1．ウ　問2．ア・イ・オ・カ　問3．ア・ウ　問4．ア・イ・エ

7 問1．エ　問2．イ

8 問1．オ　問2．エ　問3．エ　問4．ア

《解　説》

1 問1．1．4秒後から9秒後まで(5秒間)に約7.3cm進んだので，速さ＝距離÷時間＝7.3÷5＝1.46≒1.5(cm/秒)　2．点の間隔が広くなっていくとき，速さが増している。　問2．1　25×100＝2500(cm)＝25(m)　2．表より，10回転にかかる時間が一番短いとき，平均の速さが一番速いことになる。回転数が70回～80回のとき　78－73＝5(秒)　で10回転(移動距離は　10×25＝250cm)し，平均の速さは，250÷5＝50(cm/秒)　となる。　問3．仕事率(W)$=\frac{仕事(力の大きさ(N)\times移動距離(m))}{時間(秒)}=\frac{0.10\times0.06\times10}{20}=0.003$(W)

2 問1．磁石を速く動かすほど，コイルの周りの磁界の変化が大きくなり，コイルに流れる誘導電流は大きくなる。棒磁石の速さは，①$\frac{70}{1}=70$(cm/秒)，②$\frac{180}{2}=90$(cm/秒)，③$\frac{200}{4}=50$(cm/秒)　より，②が正答である。　問2．逆向きの電流が流れるのは，棒磁石のN極とコイルを遠ざけたときか，棒磁石のS極とコイルを近づけたときである。　問3．回路を流れる電流が大きくなるものを選ぶ。図2では，オームの法則より，電流$=\frac{電圧}{抵抗}=\frac{50}{10}=5$(A)　であり，ア：$\frac{50}{20}=2.5$(A)　イ：$\frac{100}{10}=10$(A)　ウ：$\frac{100}{20}=5$(A)　エ：$\frac{50}{10+10}=2.5$(A)　オ：$\frac{50}{5}=10$(A)　より，イ，オが正答である。　問4．AB間の電流は，電流$=\frac{電圧}{抵抗}=\frac{20}{10}=2.0$(A)　であり，BC間の電圧は　50－20＝30(V)　より，BC間の抵抗は　抵抗$=\frac{電圧}{電流}=30\div2.0=15$(Ω)　となる。

3 問2．フェノールフタレイン液は，アルカリ性の水溶液に加えると赤色になり，酸性や中性の水溶液に加えても無色である。水酸化ナトリウム水溶液を5cm³加えたとき塩酸が残るので，水溶液は酸性で電流を通し，10cm³加えたとき水溶液は中性で，中和してできた塩化ナトリウム(食塩)がとけているので電流を通す。　問3．この水酸化ナトリウム水溶液10cm³とちょうど中和する塩酸の量は，塩酸a 10cm³，塩酸b 20cm³，塩酸c　10÷2＝5(cm³)　より，エが正答である。　問4．発生した気体は二酸化炭素である。

4 問2．水素4gと酸素32gがちょうど反応するので，反応する水素の質量：酸素の質量＝4：32＝1：8　であり，酸素40gと水素　$40\times\frac{1}{8}=5$(g)　がちょうど反応して，水素が　6－5＝1(g)　残る。

5 問1．A肺，B心臓，C肝臓，D小腸，Eじん臓である。　問2．じん臓へつながる血管がないので，血液を送り出す心臓とじん臓をつなぐ。
問3．①栄養分はDの小腸で吸収される。②尿素はEのじん臓でこし取られる。

6 問3．「いも」で増やす(無性生殖)とき，子が親と同じ遺伝子(形質)を受けつぐが，種子で増やす(有性生殖)とき，卵と花粉の遺伝子がまざり合うため，違う形質が現れることがある。　問4．栄養生殖や分裂などの無性生殖のとき，染色体数は変化しない。精細胞や卵細胞などの生殖細胞ができるとき，染色体数は半分になるが，合体して受精卵になると元の数にもどり，その後は細胞分裂をしても染色体数は変わらない。

7 問1．太陽と月の見かけの大きさが同じことで起こる現象を選ぶ。ア，イは大きさが違っても起こり，ウは地球の影が月よりも大きいから誤りである。

8 問4．等圧線は同じ気圧の部分を通る。AとDの気圧は1004hPaより大きくBとCの気圧は1004hPaよりも小さいので，等圧線はその間を通る。

解答用紙

解答用紙はキリトリ線に沿って、切り取ってお使い下さい。

平成31年度入学者選抜学力検査解答用紙　理科

第1面
※100点満点

氏名を記入しなさい。

氏名	

受検番号を記入し，受検番号と一致したマーク部分を塗りつぶしなさい。

受検番号				
万位	千位	百位	十位	一位
⓪	⓪	⓪	⓪	⓪
①	①	①	①	①
②	②	②	②	②
③	③	③	③	③
④	④	④	④	④
⑤	⑤	⑤	⑤	⑤
⑥	⑥	⑥	⑥	⑥
⑦	⑦	⑦	⑦	⑦
⑧	⑧	⑧	⑧	⑧
⑨	⑨	⑨	⑨	⑨

注意事項

1　解答には，必ず**HBの黒鉛筆を**使用し，「マーク部分塗りつぶしの見本」のとおりに◯を塗りつぶすこと。
2　解答を訂正するときは，きれいに消して，消しくずを残さないこと。
3　数値を解答する場合の解答方法は，問題用紙の注意事項を確認すること。
4　指定された欄以外を塗りつぶしたり，文字を記入したりしないこと。
5　汚したり，折り曲げたりしないこと。

マーク部分塗りつぶしの見本					
良い例	悪い例				
●	レ点	棒	薄い	はみ出し	丸囲み

解答欄

1	問1	1	㋐	㋑	㋒	㋓	㋔	㋕			
		2	㋐	㋑	㋒	㋓					
	問2		㋐	㋑	㋒	㋓	㋔				
	問3	1	㋐	㋑	㋒						
		2	㋐	㋑	㋒	㋓					

2	問1	1	㋐	㋑	㋒	㋓	㋔	㋕	㋖	㋗	
		2	㋐	㋑	㋒	㋓	㋔	㋕	㋖	㋗	
		3	㋐	㋑	㋒	㋓	㋔	㋕	㋖	㋗	
		4	㋐	㋑	㋒	㋓	㋔	㋕	㋖	㋗	
	問2	1	◎	⊗							
		2	◎	⊗							
		3	◎	⊗							
		4	◎	⊗							
		5	◎	⊗							
		6	◎	⊗							
	問3		㋐	㋑	㋒	㋓	㋔	㋕			

3	問1			㋐	㋑	㋒	㋓	㋔	㋕	㋖	㋗	㋘
	問2	A		㋐	㋑	㋒	㋓	㋔				
		B		㋐	㋑	㋒	㋓	㋔				
	問3	1		㋐	㋑	㋒	㋓	㋔	㋕			
				㋐	㋑	㋒	㋓	㋔	㋕			
				㋐	㋑	㋒	㋓	㋔	㋕			
		2	エンドウ	㋐	㋑	㋒	㋓	㋔	㋕			
			トウモロコシ	㋐	㋑	㋒	㋓	㋔	㋕			

1 問1．1…2点　2…3点　問2…3点　問3…2点×2
2 問1…1点×4　問2…1点×6　問3…2点
3 問1…3点　問2…3点　問3…3点×2

解答欄は，第2面に続きます。

解　答　欄

4										
問１	(1)	㋐	㋑	㋒						
	(2)	㋐	㋑	㋒						
	(3)	㋐	㋑	㋒						
問２		㋐	㋑	㋒	㋓	㋔	㋕	㋖	㋗	
問３	(1)	㋐	㋑	㋒	㋓					
	(2)	㋐	㋑	㋒	㋓					
	(3)	㋐	㋑	㋒	㋓					
	(4)	㋐	㋑	㋒	㋓					
問４		㋐	㋑	㋒	㋓					

5											
問１		㋐	㋑	㋒	㋓	㋔	㋕				
問２	ア	⓪	①	②	③	④	⑤	⑥	⑦	⑧	⑨
	イ	⓪	①	②	③	④	⑤	⑥	⑦	⑧	⑨
問３	①	㋐	㋑	㋒							
	②	㋐	㋑	㋒							
問４	①	㋐	㋑	㋒							
	②	㋐	㋑	㋒							
問５	大小関係	㋐	㋑	㋒							
	理由	㋐	㋑	㋒	㋓						

6						
問１	㋐	㋑	㋒	㋓	㋔	㋕
問２	㋐	㋑	㋒	㋓	㋔	㋕
問３	㋐	㋑	㋒	㋓		
問４	㋐	㋑	㋒	㋓	㋔	
	㋐	㋑	㋒	㋓	㋔	

7							
問１	ア	◎	⊗				
	イ	◎	⊗				
	ウ	◎	⊗				
問２		㋐	㋑	㋒	㋓	㋔	㋕
問３		㋐	㋑	㋒	㋓	㋔	
問４		㋐	㋑	㋒	㋓	㋔	
問５		㋐	㋑	㋒	㋓	㋔	

8											
問１	ア	⓪	①	②	③	④	⑤	⑥	⑦	⑧	⑨
	イ	⓪	①	②	③	④	⑤	⑥	⑦	⑧	⑨
問２		㋐	㋑	㋒	㋓	㋔					
問３	ア	⓪	①	②	③	④	⑤	⑥	⑦	⑧	⑨
	イ	⓪	①	②	③	④	⑤	⑥	⑦	⑧	⑨
問４	ア	⓪	①	②	③	④	⑤	⑥	⑦	⑧	⑨
	イ	⓪	①	②	③	④	⑤	⑥	⑦	⑧	⑨

4 問１～問４…３点×４
5 問１，２…２点×２　問３～問５…３点×３
6 問１～問４…３点×４
7 問１…１点×３　問２～問５…３点×４
8 問１～問４…３点×４

キリトリ線

平成30年度入学者選抜学力検査解答用紙　理科

第１面

※100点満点

氏名を記入しなさい。

氏名	

受検番号を記入し，受検番号と一致したマーク部分を塗りつぶしなさい。

受検番号				
万位	千位	百位	十位	一位
⓪	⓪	⓪	⓪	⓪
①	①	①	①	①
②	②	②	②	②
③	③	③	③	③
④	④	④	④	④
⑤	⑤	⑤	⑤	⑤
⑥	⑥	⑥	⑥	⑥
⑦	⑦	⑦	⑦	⑦
⑧	⑧	⑧	⑧	⑧
⑨	⑨	⑨	⑨	⑨

注意事項

1　解答には，必ず**HBの黒鉛筆**を使用し，「マーク部分塗りつぶしの見本」のとおりに◯を塗りつぶすこと。
2　解答を訂正するときは，きれいに消して，消しくずを残さないこと。
3　数値を解答する場合の解答方法は，問題用紙の注意事項を確認すること。
4　指定された欄以外を塗りつぶしたり，文字を記入したりしないこと。
5　汚したり，折り曲げたりしないこと。

マーク部分塗りつぶしの見本					
良い例	悪い例				
●	レ点	棒	薄い	はみ出し	丸囲み

解　答　欄

1	問１	1	㋐	㋑	㋒	㋓	㋔
		2	㋐	㋑	㋒	㋓	㋔
		3	㋐	㋑	㋒	㋓	㋔
		4	㋐	㋑	㋒	㋓	㋔
	問２		㋐	㋑	㋒	㋓	㋔
	問３		㋐	㋑	㋒	㋓	㋔
	問４		㋐	㋑	㋒	㋓	㋔
	問５		㋐	㋑	㋒	㋓	㋔

2	問１	㋐	㋑	㋒	
	問２	㋐	㋑	㋒	
	問３	㋐	㋑	㋒	㋓
		㋐	㋑	㋒	㋓
	問４	㋐	㋑	㋒	
	問５	㋐	㋑	㋒	㋓

3	問１	（1）	A群	㋐	㋑	㋒					
			B群	㋐	㋑	㋒					
			C群	㋐	㋑	㋒					
		（2）	A群	㋐	㋑	㋒					
			B群	㋐	㋑	㋒					
			C群	㋐	㋑	㋒					
		（3）	A群	㋐	㋑	㋒					
			B群	㋐	㋑	㋒					
			C群	㋐	㋑	㋒					
	問２	（1）		㋐	㋑	㋒	㋓	㋔	㋕	㋖	㋗
		（2）		㋐	㋑	㋒	㋓	㋔	㋕	㋖	㋗
		（3）		㋐	㋑	㋒	㋓	㋔	㋕	㋖	㋗
		（4）		㋐	㋑	㋒	㋓	㋔	㋕	㋖	㋗
	問３	1		㋐	㋑	㋒	㋓	㋔			
				㋐	㋑	㋒	㋓	㋔			
		2		㋐	㋑	㋒	㋓	㋔			

1　問１…１点×４
　問２～５…２点×４

2　問１・４・５…２点×３
　問２…３点
　問３…完答３点

3　問１…完答４点
　問２…完答２点
　問３　１…完答３点
　　　　２…３点

解答欄は，第２面に続きます。

解 答 欄

4										
問1		①	②	③	④	⑤	⑥	⑦	⑧	⑨
問2	②	㋐	㋑	㋒	㋓					
	③	㋐	㋑	㋒	㋓					
問3		㋐	㋑	㋒	㋓	㋔				
問4		㋐	㋑	㋒	㋓	㋔				

5												
問1		ア	①	②	③	④	⑤	⑥	⑦	⑧	⑨	⓪
		イ	①	②	③	④	⑤	⑥	⑦	⑧	⑨	⓪
問2	1	ア	①	②	③	④	⑤	⑥	⑦	⑧	⑨	⓪
		イ	①	②	③	④	⑤	⑥	⑦	⑧	⑨	⓪
		ウ	①	②	③	④	⑤	⑥	⑦	⑧	⑨	⓪
	2	ア	①	②	③	④	⑤	⑥	⑦	⑧	⑨	⓪
		イ	①	②	③	④	⑤	⑥	⑦	⑧	⑨	⓪
問3			㋐	㋑	㋒	㋓	㋔	㋕	㋖	㋗	㋘	㋙
問4			㋐	㋑	㋒	㋓	㋔					

6										
問1	1	①	②	③	④	⑤	⑥	⑦	⑧	⑨
	2	①	②	③	④	⑤	⑥	⑦	⑧	⑨
問2	(1)	㋐	㋑	㋒	㋓					
	(2)	㋐	㋑	㋒	㋓	㋔	㋕	㋖		
	(3)	㋐	㋑	㋒						
	(4)	㋐	㋑	㋒	㋓	㋔	㋕	㋖		
	(5)	㋐	㋑	㋒	㋓	㋔	㋕	㋖		
	(6)	㋐	㋑	㋒	㋓	㋔	㋕	㋖		
	(7)	㋐	㋑	㋒	㋓	㋔	㋕	㋖		
	(8)	㋐	㋑	㋒	㋓	㋔	㋕	㋖		
	(9)	㋐	㋑	㋒						

7								
問1			㋐	㋑	㋒	㋓	㋔	㋕
問2			㋐	㋑	㋒	㋓	㋔	㋕
問3	1	水溶液A	㋐	㋑				
		水溶液B	㋐	㋑				
		水溶液C	㋐	㋑				
		水溶液D	㋐	㋑				
		水溶液E	㋐	㋑				
	2	操作a	㋐	㋑				
		操作b	㋐	㋑				
		操作c	㋐	㋑				
		操作d	㋐	㋑				
	3	水溶液C	㋐	㋑	㋒	㋓	㋔	㋕
		水溶液D	㋐	㋑	㋒	㋓	㋔	㋕
		水溶液E	㋐	㋑	㋒	㋓	㋔	㋕
	4	水溶液A	㋐	㋑				
		水溶液B	㋐	㋑				
		水溶液C	㋐	㋑				
		水溶液D	㋐	㋑				
		水溶液E	㋐	㋑				

8						
問1		㋐	㋑	㋒	㋓	㋔
問2	1	㋐	㋑	㋒	㋓	㋔
	2	㋐	㋑	㋒	㋓	㋔
	3	㋐	㋑	㋒	㋓	㋔
	4	㋐	㋑	㋒	㋓	㋔
問3		㋐	㋑	㋒	㋓	㋔
		㋐	㋑	㋒	㋓	㋔

4 3点×4（問2は完答）

5 問1…完答3点
問2…完答3点
問3・4…3点×2

6 問1…2点×2
問2(4)…2点（受験者全員加点）
他…1点×8

7 問1・2…2点×2
問3 1～3…完答2点×3
4 水溶液A～C…完答2点
水溶液D・E…完答2点

8 問1…2点
問2 1・2…1点×2
3・4…3点×2
問3…完答2点

キリトリ線

キリトリ線

平成29年度入学者選抜学力検査解答用紙　理科

第1面

※100点満点

氏名を記入しなさい。

氏名	

受検番号を記入し，受検番号と一致したマーク部分を塗りつぶしなさい。

万位	千位	百位	十位	一位
⓪	⓪	⓪	⓪	⓪
①	①	①	①	①
②	②	②	②	②
③	③	③	③	③
④	④	④	④	④
⑤	⑤	⑤	⑤	⑤
⑥	⑥	⑥	⑥	⑥
⑦	⑦	⑦	⑦	⑦
⑧	⑧	⑧	⑧	⑧
⑨	⑨	⑨	⑨	⑨

注意事項

1　解答には，必ず**HBの黒鉛筆**を使用し，「マーク部分塗りつぶしの見本」を参考に〇を塗りつぶすこと。
2　解答を訂正するときは，きれいに消して，消しくずを残さないこと。
3　数値を解答する場合の解答方法は，問題用紙の注意事項を確認すること。
4　指定された欄以外を塗りつぶしたり，文字を記入したりしないこと。
5　汚したり，折り曲げたりしないこと。

良い例	悪い例				
●	レ点	棒	薄い	はみ出し	丸囲み

解答欄

大問	問	小問										
1	問1	(1)	㋐	㋑	㋒	㋓	㋔	㋕	㋖	㋗	㋘	㋙
		(2)	①	②	③	④	⑤	⑥	⑦	⑧	⑨	⓪
		(3)	①	②	③	④	⑤	⑥	⑦	⑧	⑨	⓪
		(4)	㋐	㋑	㋒	㋓	㋔	㋕	㋖	㋗	㋘	㋙
		(5)	①	②	③	④	⑤	⑥	⑦	⑧	⑨	⓪
		(6)	①	②	③	④	⑤	⑥	⑦	⑧	⑨	⓪
		(7)	㋐	㋑	㋒	㋓	㋔	㋕	㋖	㋗	㋘	㋙
		(8)	①	②	③	④	⑤	⑥	⑦	⑧	⑨	⓪
		(9)	㋐	㋑	㋒	㋓	㋔	㋕	㋖	㋗	㋘	㋙
	問2	1	㋐	㋑	㋒	㋓						
		2	㋐	㋑	㋒	㋓	㋔	㋕	㋖	㋗	㋘	㋙
2	問1		㋐	㋑	㋒	㋓						
	問2		㋐	㋑	㋒	㋓						
	問3	ア	①	②	③	④	⑤	⑥	⑦	⑧	⑨	⓪
		イ	①	②	③	④	⑤	⑥	⑦	⑧	⑨	⓪
	問4	ア	①	②	③	④	⑤	⑥	⑦	⑧	⑨	⓪
		イ	①	②	③	④	⑤	⑥	⑦	⑧	⑨	⓪
	問5		㋐	㋑	㋒	㋓	㋔	㋕	㋖	㋗	㋘	㋙
3	問1		㋐	㋑	㋒	㋓						
	問2		㋐	㋑	㋒	㋓						
	問3	ア	①	②	③	④	⑤	⑥	⑦	⑧	⑨	⓪
		イ	①	②	③	④	⑤	⑥	⑦	⑧	⑨	⓪
	問4		㋐	㋑	㋒	㋓	㋔					

1　問1(1)～(3)完答2点
　(4)～(6)完答2点
　(7)～(9)完答2点
　問2…3点×2

2　問1・2…2点×2
　問3・4…3点×2
　問5…4点

3　問1・2…2点×2
　問3・4…4点×2

解答欄は，第2面に続きます。

解答欄

4	問1	1	㋐	㋑	㋒	㋓	㋔	㋕	㋖	㋗	㋘	㋙
		2	㋐	㋑	㋒	㋓	㋔					
		3	㋐	㋑	㋒	㋓	㋔	㋕	㋖	㋗	㋘	㋙
	問2	1	㋐	㋑	㋒	㋓	㋔	㋕	㋖	㋗	㋘	㋙
		2	㋐	㋑	㋒	㋓	㋔	㋕	㋖	㋗	㋘	㋙

5	問1	時代	㋐	㋑	㋒	㋓	㋔					
		生物						㋕	㋖	㋗	㋘	㋙
	問2		㋐	㋑	㋒	㋓	㋔					
	問3		㋐	㋑	㋒	㋓	㋔	㋕	㋖	㋗		

6	問1		㋐	㋑	㋒	㋓	㋔
	問2	ア	①	②			
		イ	①	②			
		ウ	①	②			
		エ	①	②			
		オ	①	②			
	問3		㋐	㋑	㋒	㋓	
	問4	ア	①	②			
		イ	①	②			
		ウ	①	②			
		エ	①	②			
		オ	①	②			

7	問1		㋐	㋑	㋒	㋓	㋔	
	問2		㋐	㋑	㋒	㋓	㋔	㋕
	問3	1	㋐	㋑	㋒			
		2	㋐	㋑	㋒			
		3	㋐	㋑	㋒			
	問4		㋐	㋑	㋒	㋓		

8	問1	(1)	㋐	㋑	㋒	㋓	㋔	㋕				
		(2)	㋐	㋑	㋒	㋓	㋔	㋕				
		(3)	㋐	㋑	㋒	㋓	㋔	㋕				
		(4)	㋐	㋑	㋒	㋓	㋔	㋕				
	問2		㋐	㋑	㋒	㋓	㋔					
	問3		㋐	㋑	㋒	㋓	㋔	㋕	㋖	㋗	㋘	㋙

4 問1…1…2点　2…3点　3…3点
　問2…3点×2
5 問1…2点×2　問2・3…4点×2
6 3点×4
7 3点×4
8 4点×3

キリトリ線

平成28年度入学者選抜学力検査解答用紙　理科

氏名	

※100点満点

マーク上の注意事項

1 HBの黒鉛筆を使って，○の中を正確に塗りつぶすこと。
それ以外の筆記用具でのマークは，解答が無効になる場合があります。
2 答えを直すときは，きれいに消して，消しくずを残さないこと。
3 決められた欄以外にマークしたり，記入したりしないこと。
4 汚したり折り曲げたりしてはいけません。
5 所定欄以外にマークしてはいけません。

良い例	悪い例				
●	レ点	棒	薄い	はみ出し	丸囲み

1												
	問1	1	㋐	㋑	㋒	㋓	㋔					
		2	㋐	㋑	㋒	㋓	㋔					
	問2	1	㋐	㋑	㋒	㋓	㋔	㋕				
		2	㋐	㋑	㋒	㋓						
	問3	ア	⓪	①	②	③	④	⑤	⑥	⑦	⑧	⑨
		イ	⓪	①	②	③	④	⑤	⑥	⑦	⑧	⑨

2					
	問1	㋐	㋑	㋒	㋓
	問2	㋐	㋑	㋒	㋓
		㋐	㋑	㋒	㋓
	問3	㋐	㋑	㋒	㋓
		㋐	㋑	㋒	㋓
	問4	㋐	㋑	㋒	

3												
	問1	1	㋐	㋑	㋒	㋓	㋔	㋕	㋖			
		2	㋐	㋑	㋒	㋓	㋔	㋕	㋖			
		3	㋐	㋑	㋒	㋓	㋔	㋕	㋖			
	問2	1	㋐	㋑	㋒	㋓	㋔	㋕	㋖			
		2	㋐	㋑	㋒	㋓	㋔	㋕	㋖	㋗	㋘	㋙

4						
	問1	㋐	㋑	㋒	㋓	㋔
	問2	㋐	㋑	㋒	㋓	
	問3	㋐	㋑	㋒	㋓	㋔
	問4	㋐	㋑	㋒	㋓	

5								
	問1		㋐	㋑	㋒	㋓		
	問2	1	㋐	㋑	㋒	㋓	㋔	㋕
			㋐	㋑	㋒	㋓	㋔	㋕
		2	㋐	㋑	㋒	㋓	㋔	㋕
			㋐	㋑	㋒	㋓	㋔	㋕
	問3		㋐	㋑	㋒	㋓		

6								
	問1	1	㋐	㋑	㋒	㋓	㋔	㋕
		2	㋐	㋑				
	問2	A	㋐	㋑				
		E	㋐	㋑				
	問3		㋐	㋑	㋒	㋓	㋔	㋕

7						
	問1		㋐	㋑	㋒	㋓
	問2	1	㋐	㋑		
		2	㋐	㋑		
	問3	1	㋐	㋑		
		2	㋐	㋑		

8							
	問1	㋐	㋑	㋒	㋓	㋔	㋕
		㋐	㋑	㋒	㋓	㋔	㋕
		㋐	㋑	㋒	㋓	㋔	㋕
	問2	㋐	㋑	㋒	㋓	㋔	
	問3	㋐	㋑	㋒	㋓	㋔	㋕

配点

1 問1，2．2点×4　問3．完答4点
2 問1，4．2点×2　問2，3．4点×2
3 問1．3点×3　問2．1…3点　2…4点
4 3点×4
5 問1．4点　問2．2点×2　問3．4点
6 問1．完答4点　問2．完答4点　問3．4点
7 問1．4点　問2．完答4点　問3．完答4点
8 問1．完答4点　問2，3．4点×2

キリトリ線

受検地		受検番号	
氏名			

平成27年度入学者選抜学力検査解答用紙

理　　科

1 各3点
他．各4点

総得点	
	※100点満点

問題番号		答え		得点	
1	問1		cm		
	問2				
	問3				
	問4				
2	問1		A		
	問2		A		
	問3		秒間		
3	問1	①		完答	
		②			
	問2				
	問3				
4	問1				
	問2				
	問3		g		
	問4		g		

問題番号		答え		得点	
5	問1	X		完答	
		Y			
	問2				
	問3				
6	問1				
	問2	①		完答	
		②			
		③			
	問3				
7	問1	A → → → →			
	問2	→ → → →			
	問3				
8	問1		秒間		
	問2		秒後		
	問3				

キリトリ線

受検地		受検番号	
氏名			

平成26年度入学者選抜学力検査解答用紙

総得点	
	※100点満点

理　　科

問題番号		答え				得点	
1	問1						
	問2						
	問3	cm					
2	問1	W					
	問2	AB間	°			完答	
		CD間	°				
		EF間	°				
	問3	①		②		完答	
	問4	倍					
3	問1	①		②		完答	
		③		④			
	問2						
	問3						
4	問1	①				完答	
		②					
		③					
		④					
	問2						
	問3						

問題番号		答え				得点	
5	問1	①		②		完答	
	問2	緑の種子：黄の種子＝　：					
	問3	緑の種子：黄の種子＝　：					
6	問1						
	問2						
	問3						
7	問1	①		②		完答	
		③		④			
	問2		湿度	水蒸気の量		完答	
		実験1					
		実験2					
		実験3					
		実験4					
	問3						
8	問1						
	問2	°					
	問3	12時				完答	
		16時					

各4点

キリトリ線

受検地		受検番号	
氏　　名			

平成25年度入学者選抜学力検査解答用紙

理　　科

総　得　点	
	※100点満点

問題番号			答　　え	得　点	
1	問 1				
	問 2				
	問 3				
2	問 1				
	問 2				
	問 3		短い ――――→ 長い	完答	
	問 4				
3	問 1	1			
		2			
	問 2	W		完答	
		X			
		Y			
		Z			
4	問 1	①		完答	
		②			
	問 2		g		
	問 3				

問題番号			答　　え	得　点	
5	問 1	記号		完答	
		名称			
	問 2	①		完答	
		②			
		③			
	問 3		C →　→　→　→　→		
6	問 1		ア　　　イ		
	問 2		ア　　　イ		
	問 3				
7	問 1				
	問 2				
	問 3				
8	問 1				
	問 2				
	問 3				

各4点

キリトリ線

受検地		受検番号	
氏　名			

平成24年度入学者選抜学力検査解答用紙

総　得　点	
	※100点満点

理　　科

問題番号		答　　え					得　点	
1	問 1							
	問 2							
	問 3							
2	問 1	①						
		②						
	問 2	①					完答	
		②						
		③						
3	問 1	砂岩	安山岩	でい岩	れき岩	花こう岩	完答	
	問 2							
	問 3							
4	問 1							
	問 2							
	問 3							

問題番号		答　　え			得　点	
5	問 1					
	問 2					
	問 3	①			完答	
		②				
		③				
6	問 1	1	ア		完答	
			イ			
			X			
			Y			
			Z			
		2		g		
	問 2					
7	問 1	大	→	小	完答	
	問 2			Ω		
	問 3					
8	問 1			m		
	問 2					
	問 3			J		
	問 4			N		

各4点

キリトリ線

受検地		受検番号	
氏　名			

平成23年度入学者選抜学力検査解答用紙

総　得　点	
	※100点満点

理　　科

問題番号		答　え						得　点	
1	問 1	中心 → → → 外側						完答	各3点
	問 2								
	問 3								
	問 4	①		②		③		完答	
2	問 1	対物レンズ						完答	各3点
		大きさ							
	問 2	①							
		②							
	問 3								
3	問 1								各3点
	問 2	1							
		2							
		3							
4	問 1								各3点
	問 2								
	問 3								
	問 4								

問題番号		答　え					得　点	
5	問 1	g						各3点
	問 2	g						
	問 3	g						
	問 4							
6	問 1	5分後					完答	各3点
		20分後						
	問 2	①					完答	
		②						
	問 3							
	問 4							
7	問 1							各3点
	問 2	軽い → 重い					完答	
	問 3							
	問 4	A						
	問 5	V						
8	問 1	m/秒						各3点
	問 2							
	問 3							
	問 4							4点

キリトリ線

受検地		受検番号	
氏名			

平成22年度入学者選抜学力検査解答用紙

総得点	
	※100点満点

理　　科

問題番号			答え	得点	
1	問 1	1			各3点
		2			
	問 2	1	m		
		2	cm/秒		
	問 3				
2	問 1				各3点
	問 2				
	問 3				
	問 4		Ω		4点
3	問 1	名称		完答	各3点
		イオン式			
	問 2	5 cm³ 加えたとき		完答	
		10 cm³ 加えたとき			
	問 3				
	問 4				
4	問 1				各4点
	問 2	名称		完答	
		質量	g		
	問 3				

問題番号			答え	得点	
5	問 1	B		完答	各3点
		C			
		D			
	問 2		→		
	問 3	①			
		②			
6	問 1				各4点
	問 2				
	問 3				
	問 4				
7	問 1				各4点
	問 2				
8	問 1				各3点
	問 2				
	問 3				
	問 4				

キリトリ線

— MEMO —

— MEMO —

— MEMO —